图书在版编目（CIP）数据

进化：地球生命的故事 /（英）安妮·鲁尼著；方程，熊闽红译．—长沙：湖南少年儿童出版社，2016.6（2019.6重印）

（科学大探索书系）

ISBN 978-7-5562-2428-9

Ⅰ．①进… Ⅱ．①安… ②方… ③熊… Ⅲ．①进化论—少儿读物 Ⅳ．① Q111-49

中国版本图书馆 CIP 数据核字 (2016) 第 107142 号

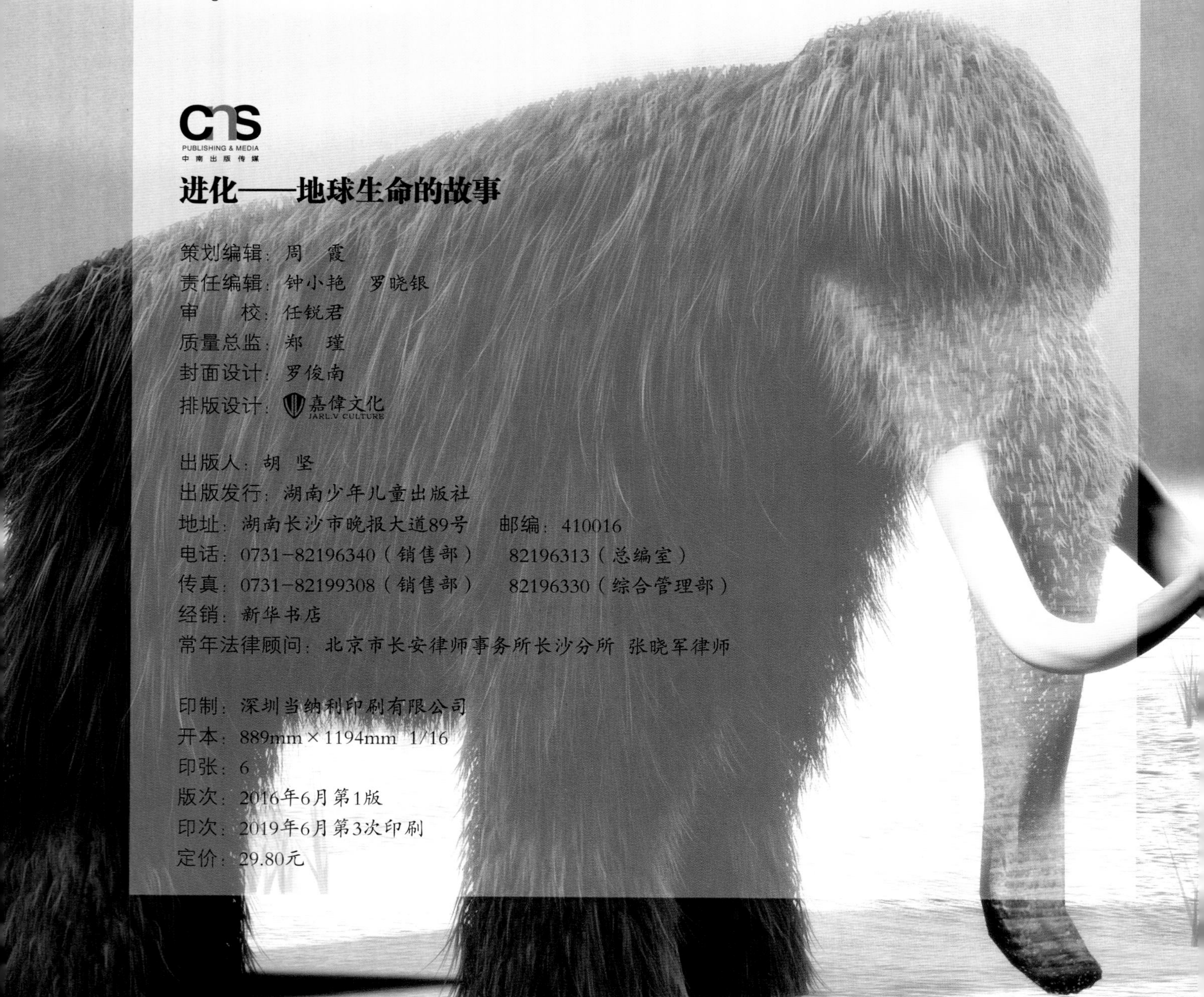

cns PUBLISHING & MEDIA 中南出版传媒

进化——地球生命的故事

策划编辑：周　霞
责任编辑：钟小艳　罗晓银
审　　校：任锐君
质量总监：郑　瑾
封面设计：罗俊南
排版设计：嘉偉文化 JARLV CULTURE

出版人：胡　坚
出版发行：湖南少年儿童出版社
地址：湖南长沙市晚报大道89号　邮编：410016
电话：0731-82196340（销售部）　82196313（总编室）
传真：0731-82199308（销售部）　82196330（综合管理部）
经销：新华书店
常年法律顾问：北京市长安律师事务所长沙分所　张晓军律师

印制：深圳当纳利印刷有限公司
开本：889mm × 1194mm　1/16
印张：6
版次：2016年6月第1版
印次：2019年6月第3次印刷
定价：29.80元

进化

——地球生命的故事

[英] 安妮·鲁尼 / 著　方　程　熊闽红 / 译

CNS PUBLISHING & MEDIA 中南出版传媒
湖南少年儿童出版社
HUNAN JUVENILE & CHILDREN'S PUBLISHING HOUSE

目　录

很久以前……

进化，这一进程起源于浮游于海洋中的微小生物细胞，直到现在仍在持续，它讲述的是地球生物的故事。

生物历经寒冷的冰期，猛烈的热浪，毁灭性的火山爆发和致命的流星袭击，生存了下来。它们因为改变和适应而成功躲过劫难。能够适应这些变化的动物和植物存活了下来。其他的生物，则消失了。进化就是这么简单。

进化之父

查尔斯·达尔文

进化的故事首先由科学家查尔斯·达尔文（1809—1882）讲述。旅行至太平洋时，他注意到一些被称作“雀类”的小鸟，在不同的岛屿上，这些小鸟的嘴巴形状也不一样。嘴巴形态各异是为了满足觅食的需要。达尔文意识到生物会主动适应环境。

雀类

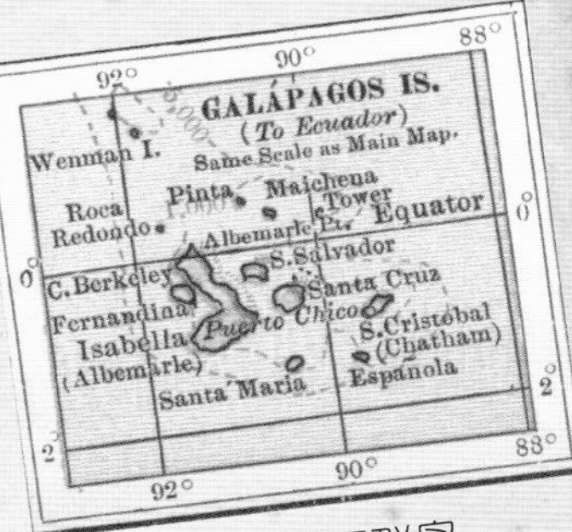

加拉巴哥群岛

如果你想知道，鱼类什么时候长的脚，为什么恐龙会灭绝，还有，人类出现在故事的哪个阶段（非常晚），那么继续读吧……准备好开始探索之旅了吗?

进化时间表

沿着每个分支的顶部，你可以看到一串类似科学术语的词条。它们代表地球历史的各个阶段。

46 亿年前地球形成

46 亿—5.42 亿年前
前寒武纪
最早的生物

3.59 亿—2.99 亿年前
石炭纪

2.99 亿—2.51 亿年前
二叠纪
最早的爬行动物

2.51 亿—2 亿年前
三叠纪
最早的恐龙

恐龙时代

恐龙统治地球的时间大约从 2.3 亿年前到 0.65 亿年前。它们的体形从巨大无比（是史上最大的能在陆地上行走的动物）到小如雏鸡，种类繁多。

2 亿—1.45 亿年前
侏罗纪
大型恐龙

1.45 亿—0.66 亿年前
白垩纪
恐龙统治地球

进化已经持续了相当长的时间。专家们预计最早的生物出现在惊人的**35 亿年前**。那时它们是单细胞体，有的长在石缝里，有的出现在水底火山中，也许有的甚至来自太空。

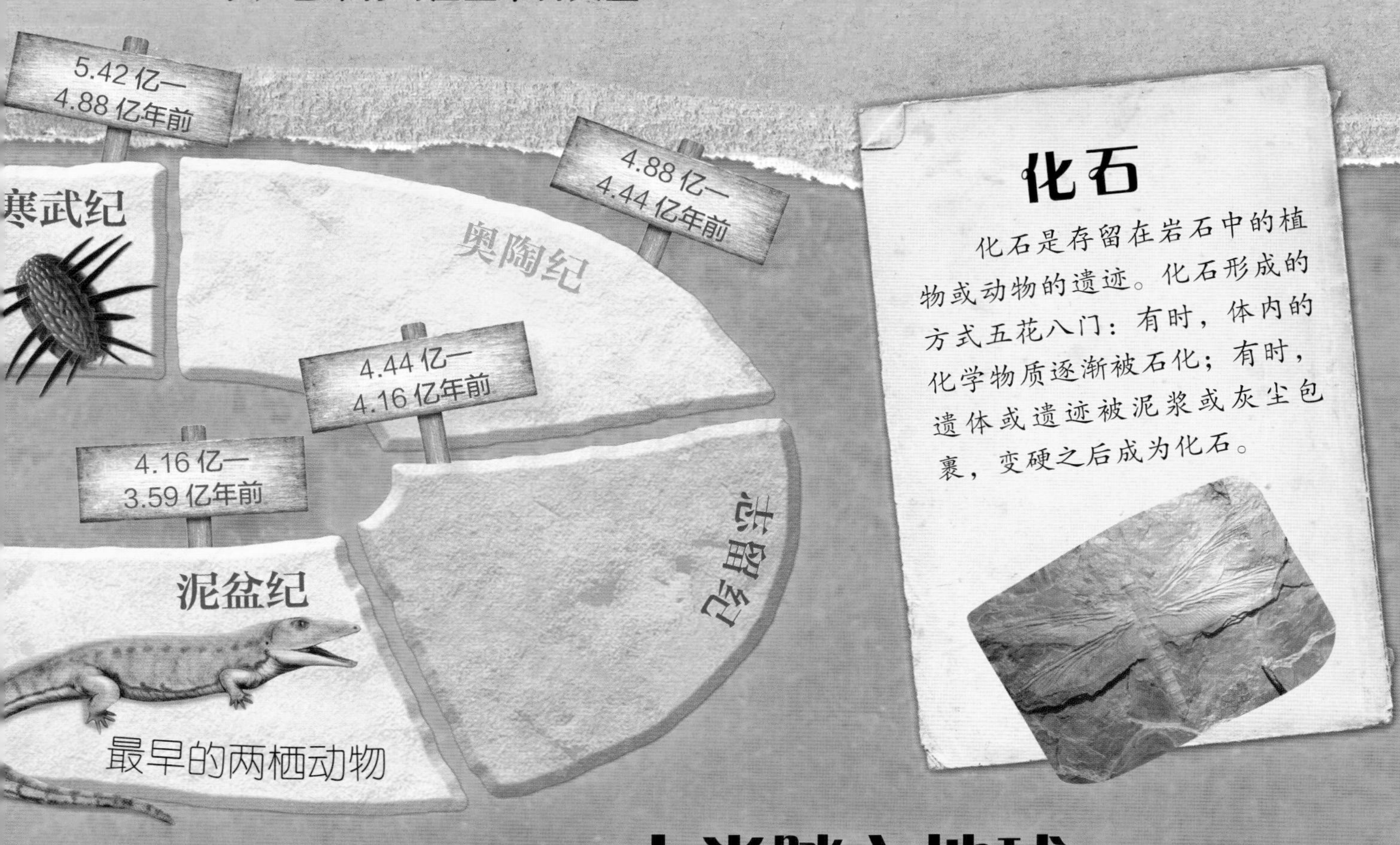

化石

化石是存留在岩石中的植物或动物的遗迹。化石形成的方式五花八门：有时，体内的化学物质逐渐被石化；有时，遗体或遗迹被泥浆或灰尘包裹，变硬之后成为化石。

人类踏入地球

人类是最近的来访者。被称为“智人”的现代人类在地球活动的时间大概只有 20 万年，仅相当于地球历史的 0.004%。

像我这样的啮齿类动物在白垩纪晚期现身。

0.66 亿—
0.23 亿年前

古第三纪

恐龙大面积灭绝

食草动物出现

人类的时代　新第三纪

第一章 富饶的海洋

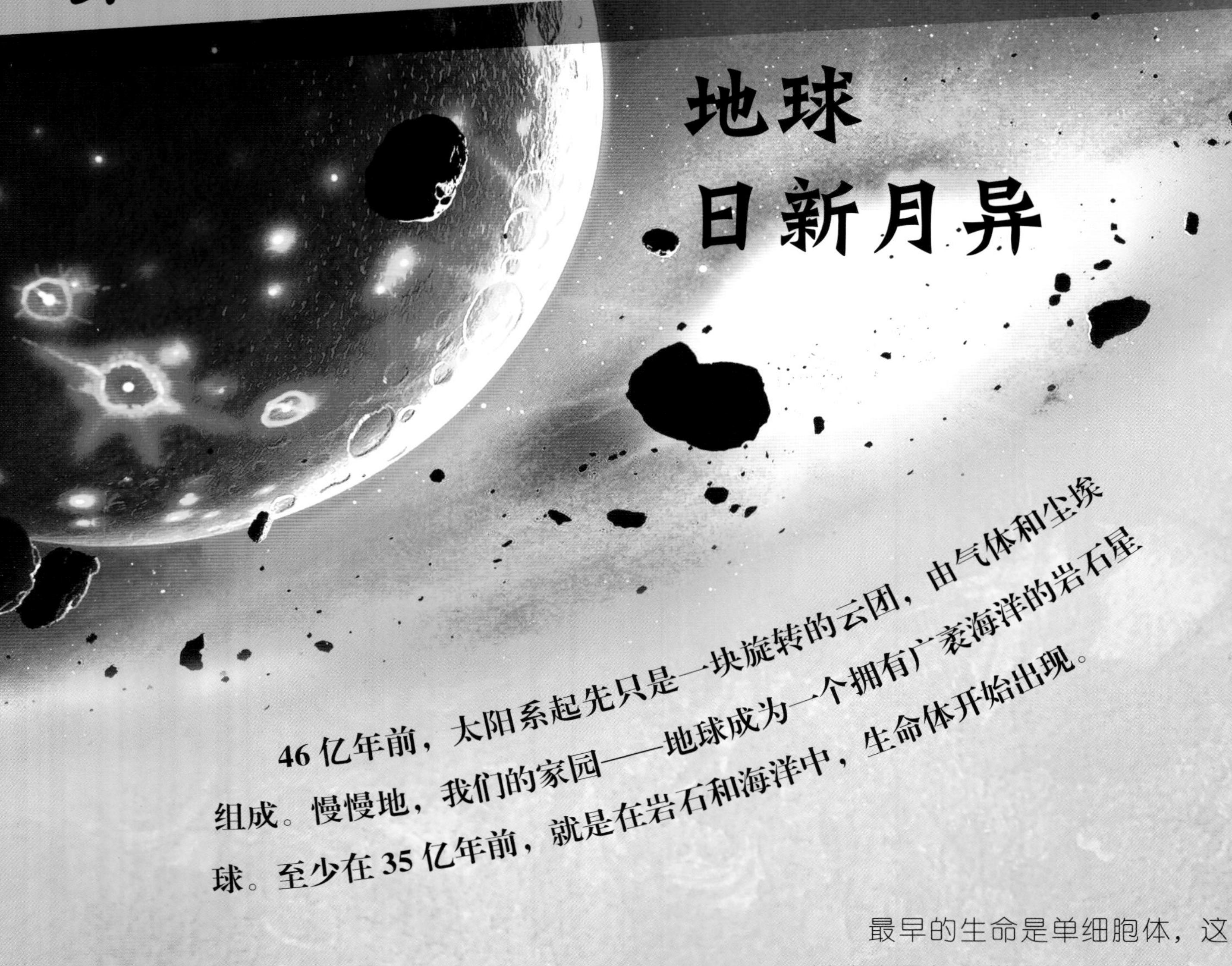

地球日新月异

46 亿年前，太阳系起先只是一块旋转的云团，由气体和尘埃组成。慢慢地，我们的家园——地球成为一个拥有广袤海洋的岩石星球。至少在 35 亿年前，就是在岩石和海洋中，生命体开始出现。

最早的生命是单细胞体，这些微生物是如此微小，5000 个连成一排正好是你拇指指甲的长度。它们生活在石头中，并靠岩石提供养分。

这些最早的微生物留下来的唯一遗迹就是它们曾经居住过的地方——被石化的洞穴。

时间表

前寒武纪：46 亿—5.42 亿年前	寒武纪：5.42 亿—4.88 亿年前	奥陶纪：4.88 亿—4.44 亿年前	志留纪：4.44 亿—4.16 亿年前	泥盆纪：4.16 亿—3.59 亿年前	石炭纪：3.59 亿—2.99 亿

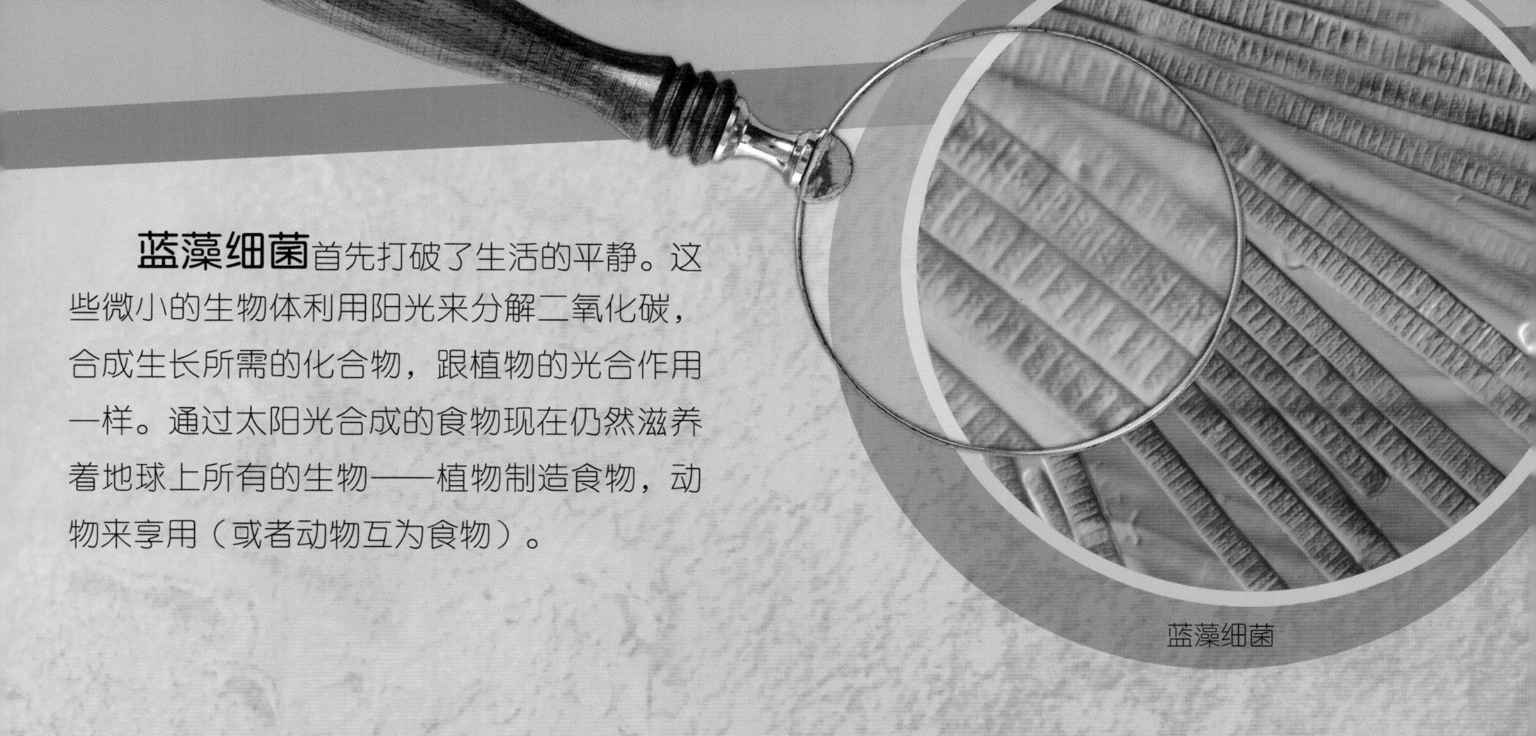

蓝藻细菌首先打破了生活的平静。这些微小的生物体利用阳光来分解二氧化碳，合成生长所需的化合物，跟植物的光合作用一样。通过太阳光合成的食物现在仍然滋养着地球上所有的生物——植物制造食物，动物来享用（或者动物互为食物）。

蓝藻细菌

每一个蓝藻细菌都有一个坚硬的壳体。它们垒在一起形成岩石塔，也就是所谓的**叠层石**。蓝藻制造氧气，氧气开始从水里散发到大气层中。

灾难

但是，由于当时所有的生物都习惯了低氧环境，它们无法适应这种变化。一时之间，大量微生物死亡——这就是第一次大灭绝。氧气也导致灾难性的天气变化，引发了持续3亿年的冰期。

让我们相聚

依赖氧气生存的新的微生物终于出现了。它们仍然只有一个细胞，但这些细胞长出了细胞核。这就意味着有机体可以存储遗传信息，并且可以把这些特征代代相传。

大约在 12 亿年前，细胞开始协同工作。一些细胞抱团聚在石头的某一处，一些细胞专门负责摄取食物。这些细胞适应了不同的分工，慢慢地，细胞团发展成为拥有多个细胞的最早的有机体。

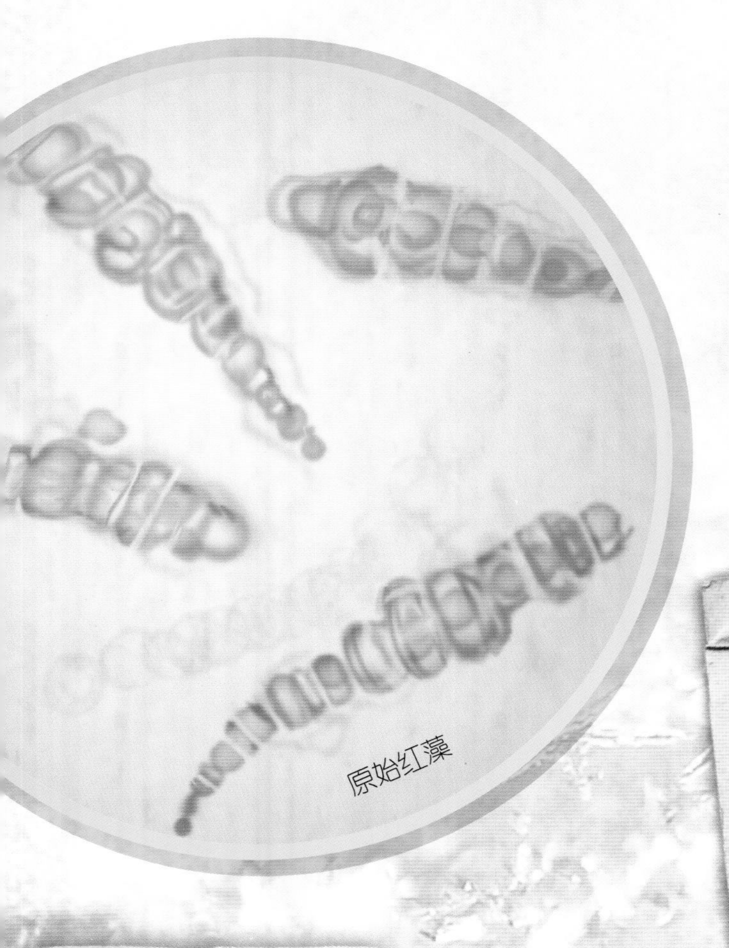
原始红藻

原始红藻是最早的多细胞微生物之一。它们拥有生殖细胞（繁殖新的红藻细胞）， 能进行有性生殖。换言之，新的红藻细胞有父母双亲的基因，并且继承了它们各自的特点。

现代藻类跟诸如原始红藻之类的早期微生物相似。

前寒武纪：46 亿—5.42 亿年前
寒武纪：5.42 亿—4.88 亿年前
奥陶纪：4.88 亿—4.44 亿年前
志留纪：4.44 亿—4.16 亿年前
泥盆纪：4.16 亿—3.59 亿年前
石炭纪：3.59 亿—2.99 亿年前

但海滨并非总是阳光明媚。大约 9.5 亿年前，地球再一次变得异常寒冷。天气是如此寒冷，以致那个时期被称作“雪球纪”。

数百万年的时间，从北极到南极，地球的大部分区域覆盖在冷冷的冰层之下。有时候冰层消融，炎热的天气会持续 100 万年左右。紧接着，天气又会变得寒冷。这个时期对于生物来说非常艰难，但它们努力去适应——这就是进化的实质。

二叠纪：	三叠纪：	侏罗纪：	白垩纪：	古第三纪：	新第三纪：
亿—2.51 亿年前	2.51 亿—2 亿年前	2 亿—1.45 亿年前	1.45 亿—0.66 亿年前	0.66 亿—0.23 亿年前	0.23 亿年前—现在

生命大爆炸

最终，地球开始变暖，生命又开始焕发生机。

现在生物跟我一般大小！

朵西绳虫是先行者。与自我繁殖不同的是，这种直立、形体象虫子的生物向海里释放卵子和精子，即雌性和雄性细胞。这些细胞结合在一起，形成新的朵西绳虫个体，它既有母体的特点，又有父体的特点。朵西绳虫是最早进行有性生殖的动物之一。

恰尼虫体形像叶子，以水中的化合物和有机物为食物。

恰尼虫

是植物还是动物？

狄更逊水母身体扁平，体长2米，十分瘦弱。它也许能通过身体下部汲取养分。它也许是植物，也许是动物，或者介于两者之间。

前寒武纪：46亿—5.42亿年前	寒武纪：5.42亿—4.88亿年前	奥陶纪：4.88亿—4.44亿年前	志留纪：4.44亿—4.16亿年前	泥盆纪：4.16亿—3.59亿年前	石炭纪：3.59亿—2.99亿

然后，大约 5.42 亿年前，地球发生变化。生命真正出现转机，一大批全新的生物忽然涌现。它们中间的大部分仍然生活在海里，而此时的大海成为各种不同的奇怪生物的云集之地。第一次，一些生物有了眼睛。在此之前，所有生物都是在黑暗中摸索，看不到彼此。

奇虾借助 11 对翅膀在海里游弋。它有着宽大的嘴巴，嘴巴周围覆盖着坚硬的方形鳞片，长着锋利的长钉。它是寒武纪最大的捕食者。

欧巴宾海蝎身体瘦小，畸形。它有五只眼睛——两对长在身体两侧，一只长在头中央。其身体的前部长有一个长柄或长鼻子，鼻子的末端长有小刺，可用来捕获食物，食物会通过鼻子送到嘴里。

怪诞虫是一种体形奇特的蠕虫，体长 3 厘米，多刺。它们在岩石和海床上利用爪状的腿爬行。

二叠纪：	三叠纪：	侏罗纪：	白垩纪：	古第三纪：	新第三纪：
亿—2.51 亿年前	2.51 亿—2 亿年前	2 亿—1.45 亿年前	1.45 亿—0.66 亿年前	0.66 亿—0.23 亿年前	0.23 亿年前—现在

海洋中令人毛骨悚然的爬虫

三叶虫

三叶虫隶属于一种新的，被称作节肢动物的动物种群。它们的身体被分成若干个部分，具有坚硬的外壳。后来节肢动物进化成了螃蟹、虾、昆虫和蜘蛛等。三叶虫进化得十分成功，它们在地球上存活了 2.7 亿年。

现代洪博培蜘蛛

现代蜗牛

威瓦亚虫

最早的软体动物是微小的蜗牛和贝类。它们以浮游生物为食——浮游生物指的是在海面上自由漂浮的、微小的水生植物和动物。**原始蜗牛**看起来像蜗牛，但是**威瓦亚虫**看起来一点也不像现代的软体动物。威瓦亚虫的身体表面防护严密，长着坚硬的盔甲状鳞片和锋利的长钉。它在海床上移动，利用身体下部收集藻类。

在这些怪异却奇妙的生物中间，有些注定消失，不留下一点痕迹；有些则以这样或那样的形式，仍然逍遥人世。昆虫、蠕虫、软体动物和水母的祖先们都出现在寒武纪的海洋里。

短棒角石看起来像带有硬壳的乌贼，是最早的头足类动物。此类动物包括乌贼和章鱼。

现代蚯蚓

奥托亚虫

蠕虫也开始在海里出现。**奥托亚虫**是一种身体蜷曲的蠕虫，体长 8 厘米，住在海床上，或者潜伏在洞穴中。它长着带有钩子的长长的躯干，用来捕获食物。

慢腾腾且黏糊糊的，不是我喜欢的样子。

海口鱼是最早的鱼类。它没有下颚，却有腮和早期的脊椎，因此成为最早的脊椎动物。

二叠纪：	三叠纪：	侏罗纪：	白垩纪：	古第三纪：	新第三纪：
…—2.51 亿年前	2.51 亿—2 亿年前	2 亿—1.45 亿年前	1.45 亿—0.66 亿年前	0.66 亿—0.23 亿年前	0.23 亿年前—现在

向内陆进军

从早期藻类布满海滨的岩石开始，越来越多的生命开始转移到陆地上。最初，也就是大约 4.5 亿年前，节肢动物体形微小，看起来有点像蜘蛛或千足虫，它们爬到了藻类和由藻类进化而来的苔藓之上。但是，没有生物敢向内陆迈进一步，因为那里没有食物。

泥盆纪节肢动物的化石

前寒武纪：46 亿—5.42 亿年前 | 寒武纪：5.42 亿—4.88 亿年前 | 奥陶纪：4.88 亿—4.44 亿年前 | **志留纪：4.44 亿—4.16 亿年前** | **泥盆纪：4.16 亿—3.59 亿年前** | 石炭纪：3.59 亿—2.99

又经过了数百万年，藻类进化成早期植物，从土里汲取水分，这就意味着，它们可以在距离海洋更远的地方生活。借助风力，它们的种子可以传播得更远。

怪异……

原始紫杉木是形似真菌的巨型植株，可以长到8.8米高，1.25米宽。

最初，大多数植物看起来像**库克逊厥**属（见左图），枝干单一，顶端长着孢子。然而，紧接着，植物开始飞速发展，变得千姿百态。它们有了强壮的树干，用来输送水和营养，并且支撑自己的重量。到了3.7亿年前，地球覆盖着由“**古羊齿木**”组成的广袤森林，地面上则爬着蜘蛛、蜈蚣、螨虫和早期的蝎子。

海里出现更多的鱼类

回到海洋，从 4.2 亿年前至 3.8 亿年前间，鱼类成为霸主。在争夺食物的竞争中，一些鱼儿有了下颚；许多鱼的头部乃至全身都长了防护外壳；一些鱼不再将精子卵子混在一起，一股脑释放在水里，而是在体内孕育后代，这样小鱼更容易存活。

可怕的**邓氏鱼**是那个时代体形最大的生物之一。它体长 6 米，头部和颈部覆盖了防护外壳，是当时地球上最具杀伤力的动物之一，令其他动物闻风丧胆。谁要是成了它眼中的美餐，谁就糟透了。

胸脊鲨是一种早期的鲨鱼，其头部顶着一个难以名状的、骨质的小团，头顶布满了微小的、类似牙齿的颗粒——被称作“小齿”。它的鼻子上也有一小块鲨鱼特有的结构，即看起来像尼龙搭扣的东西。没有人知道这些东西究竟起什么作用（虽然胸脊鲨自己可能知道答案）。

形似船桨的**镰甲鱼**潜伏在海床上。未成年之前，它的身体柔软，但随着年龄的增长，其头部就会覆盖上坚硬的外壳。它的尾巴两侧没有鳍，并且它的嘴巴长在上面——如果要享用落到身体下方的美食，这可不是一个好的设计。

行走于陆地的腿

大约 4 亿年前，一些鱼竟然长了腿！

长腿的鱼。

从鱼鳍到腿的转变

为了能在陆地上生活，鱼类将鱼鳔——用来增加浮力的器官——变成了用于呼吸的肺。它们的头盖骨从躯干分离出来，这样头部就可以单独转动。有些的鱼鳍越长越长，越来越强壮，这样一来，它们就可以在江边或河口的淤泥里扑腾。这些鱼成为最早的四足动物——长有四条腿的动物。

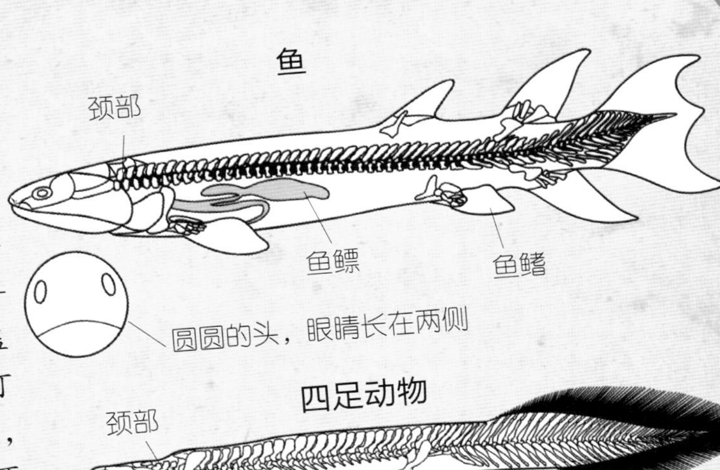

骨鳞鱼还是鱼，但可能已经将叶状的鱼鳍当作脚蹼，在河床上扒开稀泥往前移动。

棘 螈

棘螈可能在水浅、泥泞的水塘或河里活动。其肋骨无法在陆地上支撑身体的重量，但是可以使它抬头呼吸空气和抢夺食物。它可能已经能够使用虚弱的腿，趴在植物上，或者在植物中间穿行。

骨鳞鱼

鱼头螈生活在陆地和水中。它那强壮的肩膀和前肢足以支撑身体在地上向前挪动，而后肢在水中相当于船桨。

早期的四足动物可能全身布满水滴状斑点，动作慢悠悠的，但它们将进化为地球的主人——首先是恐龙，然后是包括我们人类在内的哺乳动物。

第二章 探索干燥的陆地

悬在空中

鱼脱离水之后进化成笨拙的四足动物，它们渐渐适应了陆地的生活。

两栖动物以另外一种形态经历幼年时期，然后发生变化。比如青蛙小时候是蝌蚪。

一些四足动物成为两栖动物，它们既可以在陆地，也可以在水里生活。它们回到水里繁殖后代，但成年后呼吸空气，在陆地生活。

其他四足动物完全搬到陆地上，在陆地繁衍后代。雌性动物会生下带有硬壳的蛋，蛋不用担心缺水，可以在陆地存活。这些会生蛋的四足动物成了爬行动物。

蚓螈看起来有点像鳄鱼，但属于两栖动物。其胸部的肋骨短小，数量有限，所以无法支撑身体在陆地上长距离行走。它生活在河流或沼泽地中。

原水蝎螈是最早拥有强壮肋骨和胸肌的动物。它在陆地行走和呼吸时，肋骨可以支撑其身体的重量。它被称为“准爬行动物”，是两栖动物向爬行动物进化的中间形态。

原水蝎螈

两栖动物待在沼泽地或靠近水的地方，而爬行动物则进一步向陆地更远的地方探索。它们住在森林里，以节肢动物为食或者互相残食。

林蜥是大家公认的最早的爬行动物。它身长只有 20 厘米，以早期的昆虫和节肢动物为食，比如千足虫。它的腿张开，放在身体两侧时，看起来像现代的蜥蜴。

陆地上
令人毛骨悚然的爬虫

当植物进一步向内陆进军时，动物也纷纷效仿。经历了数百万年的变化，它们逐渐适应了新的生活环境。一些节肢动物进化成了昆虫，一些则长出了翅膀。它们开始飞向天空，成为最早在地球上空翱翔的生物。

巨脉蜻蜓是一种体形庞大的蜻蜓，翅膀展开后可以达到 65 厘米。它在史前森林中的沼泽地上方飞速俯冲，掠过水面，寻找美味的昆虫。巨型的蜉蝣体长可以达到 45 厘米，而尤佛伯利尔是一种长达 1 米的千足虫。

前寒武纪：	寒武纪：	奥陶纪：	志留纪：	泥盆纪：	**石炭纪：**
46 亿—5.42 亿年前	5.42 亿—4.88 亿年前	4.88 亿—4.44 亿年前	4.44 亿—4.16 亿年前	4.16 亿—3.59 亿年前	**3.59 亿—2.99 亿**

植物释放越来越多的氧气到空气中，使空气的成分发生变化。氧气对节肢动物的生长有利，导致它们大量繁殖，体形也变得巨大无比。

但这不是体形最大的生物。到 3.4 亿年前，**远古蜈蚣虫**在森林的地面上发出哗啦的声响，其体长可以达到 2.4 米——相当于短吻鳄的长度。虽然看起来面目可憎，但它只吃植物。没有哪种动物可以长得比它更大，而成为它的天敌。所以，直到天气发生变化，其赖以生存的森林变成了沙漠，它才遭到灭绝。

一些哺乳动物出现了

一些看起来像爬行动物的家伙实际上属于合弓纲。这些动物是所有哺乳动物的始祖，包括人类。

起先，合弓纲动物矮矮胖胖，健壮结实，宽宽的腿往外张着。其中一些动物胸部宽阔，呈桶状，内脏容量大，可以消化自己吞下的坚硬植物；其他则为食肉动物，适合捕猎。

蛇齿龙的腿和脚趾往外张开，嘴巴长长的，里面密密麻麻地长满了 166 颗锋利的牙齿。它潜伏在水中以鱼为食，或伺机捕食其他更小的四足动物。它属于合弓纲，而鳄鱼是爬行动物。所以，虽然蛇齿龙长得跟鳄鱼相似，但两者并没有亲缘关系。

凭借其背部长出的巨大屏风，你可以很快识别**异齿龙**。其屏风由脊椎伸出的骨头支撑，这大片区域可以帮助异齿龙吸收太阳光。那时，所有的动物还都是冷血动物，这意味着它们不能单独调节自己的体温，它们需要太阳的热度。

杯鼻龙是合弓纲中最大的动物，体长可达 6 米，体重 2 吨。它的体形如此庞大，连饥肠辘辘的异齿龙看到它都要躲着走。它食用大量的植物，但由于植物的营养有限，所以它可能一整天都忙着吃东西。

进攻和还击

随着时间的推移，合弓纲动物有利于捕食的身体构造也进化得越来越专业。食肉动物的腿变得更长，成为跑得更快、身手更敏捷的猎手。它们的牙齿变得更有利于捕猎——锋利的前牙用来稳住和撕开猎物，宽大的后牙则用来咀嚼和咬碎猎物。

盾甲龙是爬行动物，不属于合弓纲，但它长着爬行动物所惯有的剑齿或长牙。这种又矮又胖的食草动物背部长满了被称为“鳞甲”的骨质的外壳，嘴巴下面还垂有两颗长牙。牙齿可能被用来自卫或者拔起植物的根。

前寒武纪：46 亿—5.42 亿年前	寒武纪：5.42 亿—4.88 亿年前	奥陶纪：4.88 亿—4.44 亿年前	志留纪：4.44 亿—4.16 亿年前	泥盆纪：4.16 亿—3.59 亿年前	石炭纪：3.59 亿—2.99 亿

麝足兽是体形巨大笨重的食草动物，它们可能成群结队地聚在一起，用力咀嚼着叶子和树枝。它们也可能因为争夺配偶，用厚厚的、坚硬的脑壳进行“顶牛”比拼。或者，其脑壳可能被用来对付天敌。

拥有剑齿的**合弓纲动物**，比如狼蜥兽，十分适应作为猎手的生活。狼蜥兽体形庞大，和现在的犀牛差不多。它用巨大的牙齿撕开猎物。

罗伯特兽身材苗条，秃顶，看起来有点像带剑齿的天竺鼠。它以植物为食，可能会用长牙挖出植物的根。其嘴巴的顶部有一个凹槽，用来固定坚硬的植物枝干十分便利，而尖尖的嘴巴则利于剪断植物的细枝。

伟鳄兽看起来像鳄鱼，但实际上它属于合弓纲。它的身长可以超过 2.5 米，牙齿大而尖利，杀死和吃掉一只麝足兽对它来说易如反掌。

我的牙齿结构和它的相同，但要小得多。

二叠纪：亿—2.51 亿年前	三叠纪：2.51 亿—2 亿年前	侏罗纪：2 亿—1.45 亿年前	白垩纪：1.45 亿—0.66 亿年前	古第三纪：0.66 亿—0.23 亿年前	新第三纪：0.23 亿年前—现在

一切都在有条不紊的进行当中，合弓纲和爬行动物几乎分享世界，而两栖动物仍占有一席之地。但是接下来……

灾难发生了！

大约在 2.52 亿年前，悲剧发生了。可能是一座巨大的火山喷射出炙热的熔岩，产生有毒的烟雾和布满天空的灰尘。又或许是一颗巨大的流星撞上了地球。不管是哪种情况，都会首先带来冰冷的黑暗，然后是灼热的高温和酸雨，摧毁了陆地和海洋。

这个可怕的灾难彻底消灭了 95% 的生物。广袤的森林和生活于其中的动物彻底消亡。大量昆虫灭绝，以昆虫为食的爬行动物也随之消失。鱼类大量死亡，以鱼为食的两栖动物也难逃厄运。曾经富饶多产的地球变为贫瘠的荒地。

最终，气候稳定了下来。只剩下少数几个坚强的幸存者，比如……

水龙兽是一种吃草、身体矮胖并长有尖牙的合弓纲动物。水龙兽的足迹迅速踏遍整个地球，因为它们适应性强：它们可以吃下自己能够找到的任何植物。

前寒武纪：	寒武纪：	奥陶纪：	志留纪：	泥盆纪：	石炭纪：
46 亿—5.42 亿年前	5.42 亿—4.88 亿年前	4.88 亿—4.44 亿年前	4.44 亿—4.16 亿年前	4.16 亿—3.59 亿年前	3.59 亿—2.99 亿

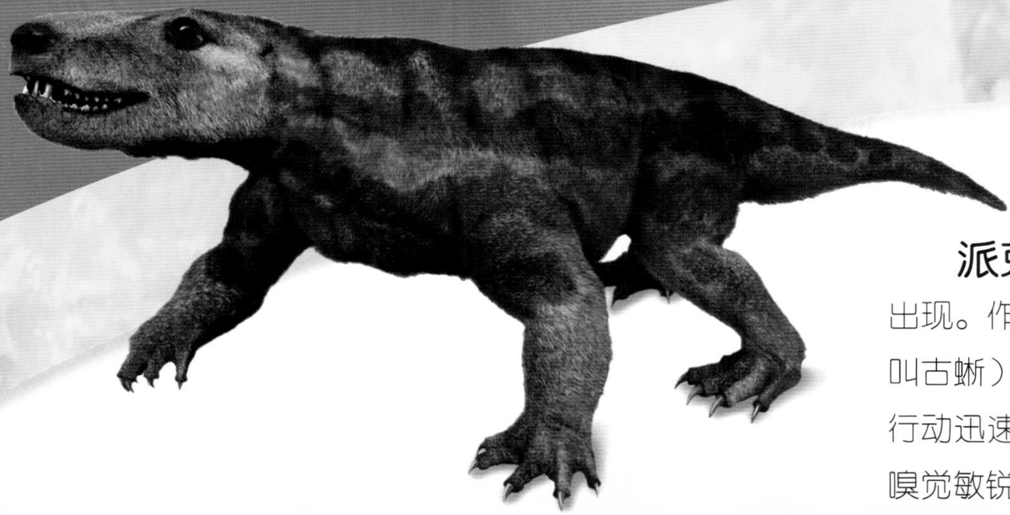

派克鳄在大灭绝之后很快出现。作为一种早期的祖龙（也叫古蜥），派克鳄长着长长的腿，行动迅速。它还有锋利的牙齿，嗅觉敏锐，并且爪子锋利。

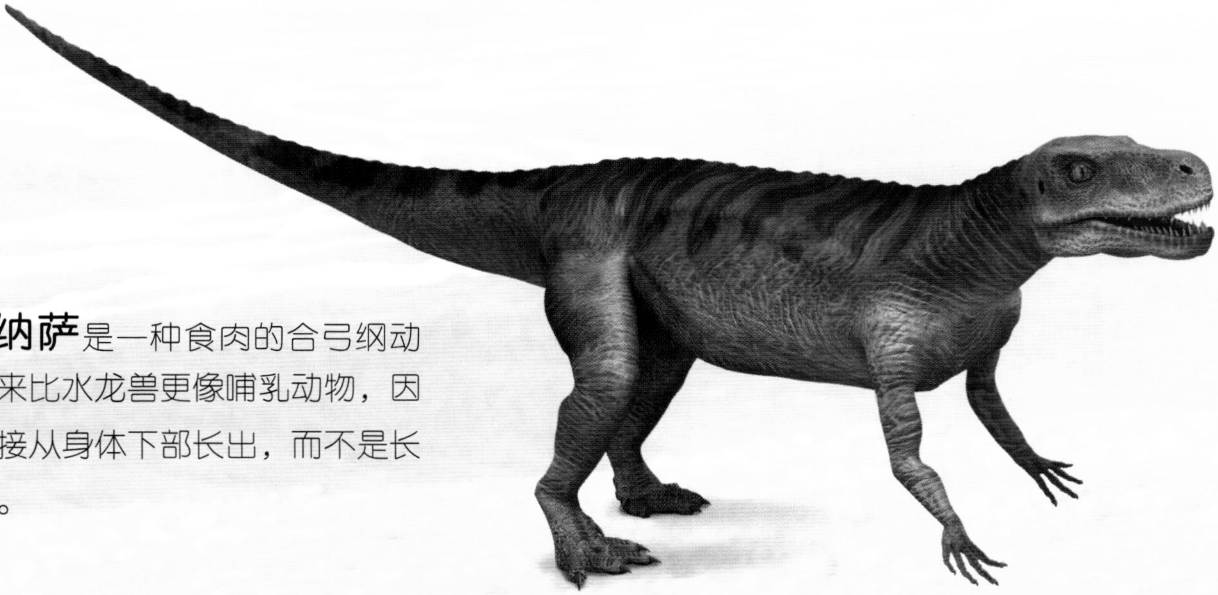

斯润纳萨是一种食肉的合弓纲动物。它看起来比水龙兽更像哺乳动物，因为它的腿直接从身体下部长出，而不是长在身体外侧。

蜥蜴的世界

在 500 万年之间，幸存者迅速进化，以填补那些已经灭绝的动物所留下来的空缺。谁将主宰这片土地呢？是古蜥。它们的名字甚至意味着“统治者蜥蜴”。

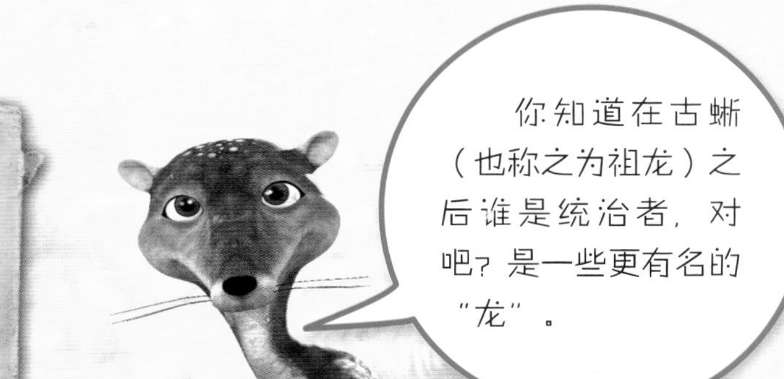
你知道在古蜥（也称之为祖龙）之后谁是统治者，对吧？是一些更有名的“龙”。

二叠纪：	三叠纪：	侏罗纪：	白垩纪：	古第三纪：	新第三纪：
—2.51 亿年前	2.51 亿—2 亿年前	2 亿—1.45 亿年前	1.45 亿—0.66 亿年前	0.66 亿—0.23 亿年前	0.23 亿年前—现在

第三章 恐龙初现

从祖龙到恐龙

当世界安定下来，祖龙作为优胜者出现。它们分化成两个主要的种群。一些动物的踝关节带有铰链，这意味着它们可以跑得飞快——它们进化成恐龙和翼手龙。其他动物的踝部带有旋转关节，像球在杯子里转动一样——它们进化成像鳄鱼一样的爬行动物。

龙现在还活着！鳄鱼和鸟都属于祖龙。

关节类型

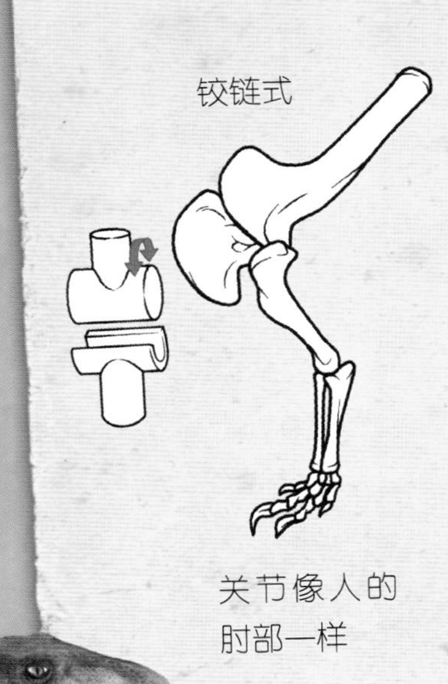

旋转式

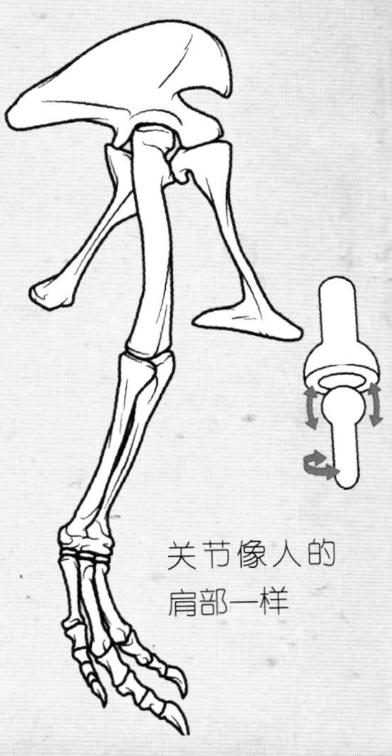

始盗龙，大约生活在 2.31 亿年前，是最早的恐龙之一，也许就是最早的恐龙。它可能是杂食动物，什么东西都吃。

埃雷拉龙已经具备后期恐龙的普遍特征。它属于兽脚亚目，这一种群中包括凶猛的、行动快速的食肉动物，比如霸王龙。它的后腿强壮，前腿短小，下颚有力，嘴里长满了像刀片一样的牙齿，由此可以看出，埃雷拉龙擅于追赶和捕食其他动物。

里奥哈龙属于蜥脚亚目。这种类型的恐龙后来会进化成蜥脚类恐龙，比如梁龙。里奥哈龙食草，身长可达 5 米，用四肢行走。如果遭到攻击，它没法快速奔跑。

后鳄龙看起来有点像霸王龙，却不是恐龙。它是一种类似鳄鱼的祖龙。后鳄龙和雷克斯暴龙外形相似，因为这样的外形都适应几乎同一种生活方式——追赶和捕食其他大型动物。

看似一样，却千差万别

就像后鳄龙看起来有点像霸王龙一样，三叠纪的其他一些动物外形相像但彼此没有联系。当动物没有联系却具备相同特点时，我们称这种现象为**趋同进化**。

灵鳄是一种祖龙，但像其他许多恐龙一样，它的喙适于咬断坚硬的植物，或者打开植物的心皮。它那强壮的腿部肌肉适于快速奔跑。

腔骨龙看起来极像灵鳄，它却是食肉动物。作为最早的恐龙之一，它是十分成功的。它们可以成群捕食，或者单枪匹马扑向猎物。

前寒武纪：46 亿—5.42 亿年前 | 寒武纪：5.42 亿—4.88 亿年前 | 奥陶纪：4.88 亿—4.44 亿年前 | 志留纪：4.44 亿—4.16 亿年前 | 泥盆纪：4.16 亿—3.59 亿年前 | 石炭纪：3.59 亿—2.99 亿

步 态

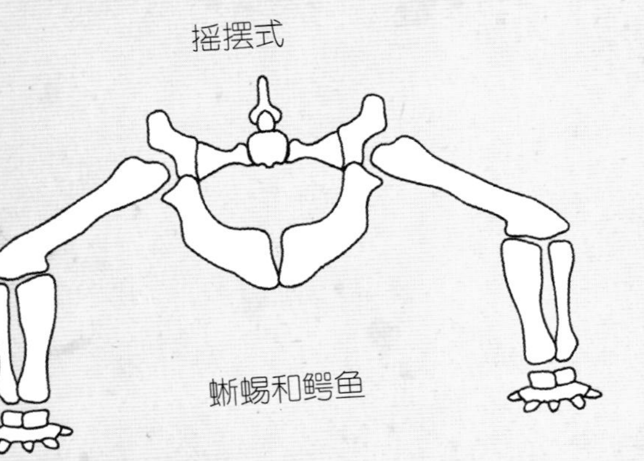

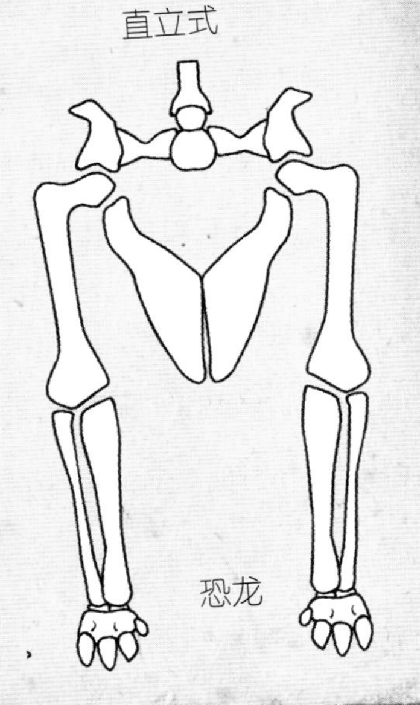

恐龙可以比跟蜥蜴相似的爬行动物跑得更快，因为其臀部摆动的方式不同。蜥蜴和鳄鱼行走时都一摇一摆，也就是说它们的腿从身体两侧伸出。恐龙的腿长于身体底部，行走时是直立的。

我的腿从身体底部长出，你们的也一样呢！

始奔龙是一种被称作鸟臀目的恐龙。和灵鳄一样，它长着鸟嘴、长脖子和尾巴，还有修长强壮的后腿和稍短的前腿。带有尖利鸟嘴的恐龙后来会进化为形体各异的不同种类。

恋上了蓝天

当恐龙和类似鳄鱼的祖龙在地面上挪动或飞奔之时，另外一种祖龙却恋上了天空。翼手龙是会飞行的爬行动物，是除昆虫之外能够飞翔的最早生物。

与鸟类不同的是，许多翼手龙长了牙齿，骨头一直长到像鞭子一样的尾巴的末梢。翼手龙进化得十分成功，生存了 1.7 亿年。

最早的翼龙，即真双齿翼龙，体形很小，体重只有 10 千克。它长有犬牙和锋利的尖牙，用来捕鱼。

最小的**翼龙**只有几厘米长，即只有麻雀大小。但是最大的也是最后灭绝的翼龙是庞然大物。风神翼龙的体积相当于一架小型飞机，翅膀展开后达到 12 米。它是具备飞行本领的体形最大的动物。

飞龙目动物在侏罗纪的天空翱翔。它们的翅膀展开后可达 1.5 米，它长着短小的尾巴。

蝙蝠龙是一种晚期的翼手龙，有喙无齿，长着骨质的顶冠和骨质短尾巴，尾巴的末端是一个由骨头融合成的短棒。

回到海洋

能够呼吸到清新的空气是一件十分美妙的事，然而，海水显然比干燥的陆地面积大得多。爬行动物并不会离开海洋，从而也不会把对世界的控制权拱手让给鱼类。所以，它们又回来了……

混鱼龙是已知的最早的鱼龙，又叫“鱼蜥蜴”。它的腿恢复为短粗的蹼，身体呈流线型。它的身体是鱼的构造，却未成为真正的鱼，这是因为，如果需要在水中快速游动，这是最佳体形。

现代海豚看起来也像鱼类，但它们跟你我一样，属于哺乳动物。这又是趋同进化呢！

前寒武纪：46 亿—5.42 亿年前	寒武纪：5.42 亿—4.88 亿年前	奥陶纪：4.88 亿—4.44 亿年前	志留纪：4.44 亿—4.16 亿年前	泥盆纪：4.16 亿—3.59 亿年前	石炭纪：3.59 亿—2.99 亿

重新沿袭在水中生活传统的，不止是爬行动物，**虾蟆螈**是迄今为止最大的两栖动物。它体长 6 米，看起来像一只又矮又胖、没有脖子的大鳄鱼。它的眼睛长在头顶，所以可以轻而易举地观察水面的情况，而不会暴露自己。

幻龙是一种体形细长、适于航海的爬行动物，它也会懒洋洋地躺在岩石上消磨时光。它的牙齿结构适于捕食鱼类，而腿看起来像脚蹼，它的生活方式特别像现在的海豹。

盾齿龙看起来像现代的海龟，它也属于爬行动物。其身体绝非流线型，但坚硬的外壳可以保护它免受天敌的袭击。它生活在海底，借助两颗牙和坚硬的鸟喙来食用贝类。

一切都变了

一切才刚刚安定下来，天下又大乱了。仅仅经过 0.5 亿年的风平浪静，在 2.01 亿年前，灾难性的天气变化导致地球上至少四分之三的物种灭亡。大灭绝再一次发生了。

变化中的世界

与大灭绝同时，或者跟大灭绝相关，盘古大陆（一片巨大的陆地）开始分裂。用了超过 62 万年的时间，火山将大陆切割开来。北美洲和南美洲彼此分开，只有一座小小的陆地桥将非洲和亚欧大陆连接在一起。慢慢地，新的大西洋开始填充非洲与美洲之间的空隙。

当所有的陆地连成一片，动植物们可以任意繁衍生息。但是，当巨大的海洋将陆地分隔开时，植物和动物无法跨越它，于是它们开始了独立进化的进程。

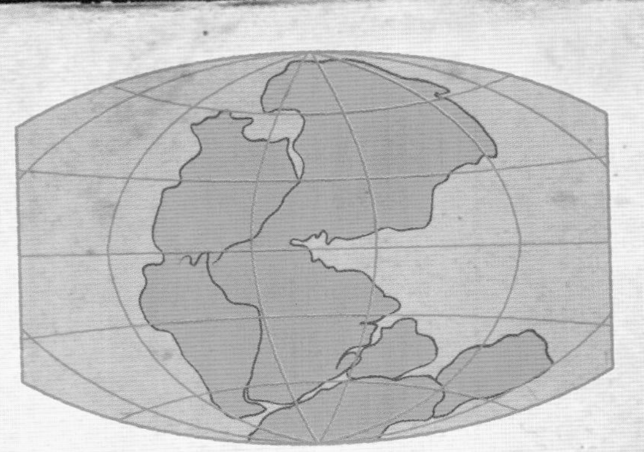

二叠纪 2.51 亿年前

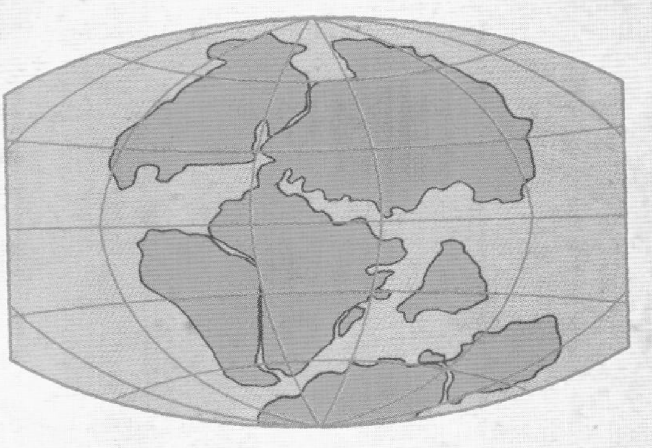

侏罗纪 1.45 亿年前

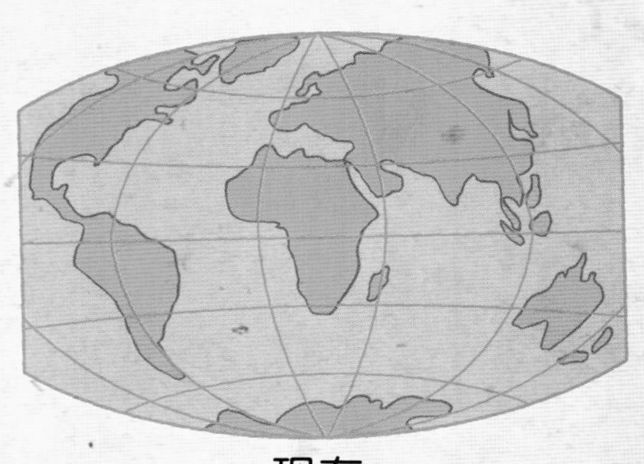

现在

多数大型两栖动物和许多其他的爬行动物死亡，相当数量的恐龙也难逃厄运。这样，空旷的海岸为存活下来的恐龙和其他爬行动物的崛起提供了空间。

这次大灭绝发生的速度很快，但也经历了大约1万年。

氏肉龙是一种肉食恐龙，体长大约3米。它历经三叠纪晚期的灾难存活了下来。

食草动物**肢龙**也生存了下来。氏肉龙想把肢龙当点心，可能要经历一番苦战才行，因为肢龙体长4米，浑身长刺。

二叠纪：	三叠纪：	侏罗纪：	白垩纪：	古第三纪：	新第三纪：
亿—2.51亿年前	2.51亿—2亿年前	2亿—1.45亿年前	1.45亿—0.66亿年前	0.66亿—0.23亿年前	0.23亿年前—现在

第四章 恐龙一统天下

侏罗纪的庞然大物

恐龙长呀，长呀，长呀，直到变成庞然大物。其中最大的是**蜥脚龙**——巨大无比的草食恐龙是行走在陆地上最大的动物。

蜥脚龙可以够着树顶，享用其他动物吃不到的美食。但是坚硬的植物不太营养，所以它们必须吃很多。这就意味着它们需要一个大肚子，然后它们也需要巨大粗壮的腿来支撑肚子，因此它们越长越大。

前寒武纪：	寒武纪：	奥陶纪：	志留纪：	泥盆纪：	石炭纪：
46亿—5.42亿年前	5.42亿—4.88亿年前	4.88亿—4.44亿年前	4.44亿—4.16亿年前	4.16亿—3.59亿年前	3.59亿—2.99亿

双腔龙是庞然大物中的老大。它的体长达到60米，几乎是蓝鲸的两倍，成为迄今为止最大的动物。

雷龙是另外一种巨型蜥脚龙。和其他蜥脚龙一样，它用四肢行走，但年幼时可以抬起后腿，用前脚奔跑。

梁龙体形小一些，只有26米，相当于双腔龙的一半。像其他巨型蜥脚龙一样，除非它想抬头和低头，否则它的头和尾巴可能会形成一条笔直的水平线。

尾巴摇动的把戏！

当巨型蜥脚龙忽然摇动像鞭子一样的尾巴，尾巴末端会产生音障，这时蜥脚龙会制造出超音波，听起来像大炮开火的声音。

夺命狂奔

我和这些大家伙们相隔数百万年，太幸运啦！

那些巨型的蜥脚龙对于侏罗纪的食肉动物来说是一次盛大的晚宴，但是它们体形太大，并不好对付。

食肉动物必须动作敏捷才能追到猎物，但体形庞大的动物通常无法快速奔跑。就算最大的四足动物，也要比巨型蜥脚龙小得多。食草的鸟脚亚目恐龙，虽然小很多但仍然算得上体形庞大，它对于饥肠辘辘的食肉动物来说，大小却刚刚好。所以，它们如果想逃脱，必须飞快地奔跑。

异龙借助两条强壮的后腿快速奔跑，它那沉重的头与粗壮的尾巴达成了平衡，短臂带有异常强壮的爪子，爪子用来抓牢和撕裂猎物。其牙齿长达 10 厘米，向后倾斜，所以猎物无法从它嘴里挣脱。

食蜥王龙长达 10—12 米，可以应付较大的蜥脚龙。雷龙的长度虽是食蜥王龙的两倍，但其很大一部分长度体现在脖子和尾巴处，所以它成为食蜥王龙最喜欢的猎物。食蜥王龙很可能是一种大型的异龙。

弯龙只吃植物，且体形并不庞大，这就给异龙提供了机会。但是它能够以时速 25 千米的速度逃跑。它那三角形的头上长有喙，利于咬断叶子和树枝。

装甲、尖刺、骨质板和鳞片

异龙可能会认为，抓住脖子就可以控制**剑龙**，但其实要小心它的尾巴才对！所有的剑龙类动物都用恐怖尖利的尾巴作为武器——有时候尾巴被称作骨刺。剑龙可以把尾巴卷起甩到一边，猛烈地痛击异龙。科学家们发现，一些异龙的骨头上带有还未痊愈的伤口，这些伤口跟剑龙尾巴上的尖刺留下的痕迹相吻合。

炽热的装甲

剑龙背部的装甲很可能是用来炫耀或者帮助控制它身体的体温的。说到炫耀，它们可能通过改变颜色来吸引配偶或者恐吓自己的天敌。至于控制体温，它们可能用它来吸收太阳的热量，或者利用风降低流经装甲的血流温度。

并不是所有的食草动物都依赖速度逃离饥饿的食肉动物。一些动物行动缓慢，矮矮胖胖，但有着其他的防御措施。如果你不能逃跑，那就必须还击或者让天敌吃起来很麻烦。

怪嘴龙的体形像坦克，身长 4 米，重达 1 吨。它并不需要太操心天敌的事。它全身覆盖着坚硬的、被称作膜质骨板的骨质外壳，身体两侧各有一排尖刺。

它们所缺乏的速度，被卓越的防护能力所弥补。

背甲龙是出现得更晚的恐龙，它的尾巴末端有一个骨质的短棒，全身覆盖有用于防护的膜质骨板。

看起来相似，实则不同

在进化的过程中，即使是相距几千千米或是相隔几百万年的生物，面对相同的问题，进化的结果都是类似的。动物和植物会根据自己的需求变化来进化。如果它们觉得尖刺和骨针是必需之物，它们就会进化出尖刺和骨针。

剑龙生活在北美洲。它的骨针只有四个尖刺，但它仍可以给予对手以重击！

锐龙是来自欧洲的一种剑龙。它比剑龙更胜一筹的是，剑龙身上长的是骨板，而锐龙长的是尖刺。它的肩部也长有可怕的尖刺，这可以防止捕食者过分接近它。

嘉陵龙生活在中国。它身体的前端长着一些小骨板，这让它看起来显得很温顺。但它的后半部分却常令饥饿的捕食者瞠目结舌——一排锋利的尖刺一直长到尾梢。

反复的试验

当某种动物或植物进化出一种有用的特征时——如剑龙的尖刺——这些生物比其他没有具备这些特征的生物生存和成长得更好。随着时间的推移，适应得最好的生物因为进化得最成功，而取代了其他生物。但如果进化过度，比如说那些尖刺妨碍了剑龙的生活的话，这意味着进化不够成功，剑龙将不再生长出尖刺。

肯氏龙完胜！这种产自非洲坦桑尼亚的剑龙尾巴末梢处长有如巨大刀片一样的尖刺，而且它身体的其他部分也长了很多尖刺呢。

二叠纪： 亿—2.51 亿年前	三叠纪： 2.51 亿—2 亿年前	**侏罗纪：** **2 亿—1.45 亿年前**	白垩纪： 1.45 亿—0.66 亿年前	古第三纪： 0.66 亿—0.23 亿年前	新第三纪： 0.23 亿年前—现在

长着羽毛的恐龙

恐龙属于爬行动物，所以它们身上就都长有鳞片，真的是这样吗？事实并非如此！到了侏罗纪时代，地球上进化出了各种形状、各种尺寸、形形色色的恐龙：有大个头的，也有小个头的，有些长着鳞片，有些甚至全身都是羽毛。

羽毛在恐龙进化的早期就已经出现了，普通恐龙进化出过羽毛，从恐龙向鸟类进化途中的动物也长过羽毛。长羽毛的恐龙种类恐怕远远比我们所了解的要多得多。

天宇龙是小型的鸟臀目恐龙，身上长着像简易的羽毛一样的细丝（细细的线）。这些细丝于飞行无益，但是它们是羽毛的雏形。

从细丝进化成羽毛是个漫长的过程。细丝在进化过程中出现过多次，但只有一次进化成了正常的羽毛。

始祖鸟长有羽毛。这种鸟大概有乌鸦般大小，它拍打着翅膀，飞翔在侏罗纪时期德国的上空。与鸟类不同的是，始祖鸟有尖锐的牙齿，翅膀上长有爪子，还有长长的骨质尾巴。

近鸟龙也长有羽毛，而且是很多很多的羽毛！除了翅膀之外，它还长了一对后翼。它的脚上也覆盖着羽毛。即便如此，它翅膀的形状却不适合飞行，所以它只能拍动着翅膀奔跑。

街区里新来的孩子

侏罗纪时代不仅是恐龙的天下，这个时期还有昆虫、小型爬行动物、两栖动物和合弓纲中长有皮毛的动物的后代。最初它们体形很小，常在夜间恐龙睡觉的时候急奔——哺乳动物的时代到来了。

啊，我们开始吧！事情开始变得有趣了——有我的一个亲戚哦。

摩尔根兽是在小动物向哺乳动物进化的过程中出现的，但它还不能算是完全进化成功的哺乳动物。它是一种小型的像鼩鼱一样的生物，在欧洲、非洲和亚洲的林间蹦蹦跳跳。

中国尖齿兽是另一种近哺乳动物。它吃所有能吃的食物——昆虫、水果、蠕虫…… 它可一点都不挑剔呢。

前寒武纪：	寒武纪：	奥陶纪：	志留纪：	泥盆纪：	石炭纪：
46 亿—5.42 亿年前	5.42 亿—4.88 亿年前	4.88 亿—4.44 亿年前	4.44 亿—4.16 亿年前	4.16 亿—3.59 亿年前	3.59 亿—2.99 亿

侏罗兽也许是最早的真正的哺乳动物。它个头小，是夜行性动物（夜间活跃），非常善于攀爬，在树上它会感到舒适且安全。就像后来的哺乳动物一样，侏罗兽在体内孕育幼崽，通过胎盘供给它们营养。幼崽出生后，侏罗兽妈妈会给它们哺乳。

食白蚁哺乳动物是首个学会挖掘的动物，而且它只吃一种食物。它用它强壮的腿和爪子挖入地下，寻找白蚁。这是它的独门秘籍——上亿年来都没有其他哺乳动物学会这一绝招。哺乳动物是恒温动物，它们可以控制自己的体温，不需要太阳供给它们热量。它们的皮毛也可以帮它们隔热，所以即使在寒冷的天气，它们仍可以保持活跃。

食白蚁哺乳动物

海洋中的巨人

像**幻龙**一样的幻龙目动物，是重回水中生活的爬行动物。这些爬行动物最终回到了它们祖先最初生活过的海洋，慢慢进化为蛇颈龙，并成为海洋中的统治者。

滑齿龙算是海洋爬行动物中的巨人了。它的嘴巴可以吞下一辆汽车并能将其咬成两半。事实上，它吃巨大的头足类动物（如鱿鱼），还有鲨鱼，甚至恐龙。滑齿龙是上龙的一种——这是一种长着短短的脖颈，大大的头颅，后脚蹼比前脚蹼大的蛇颈龙。

那些家伙牙齿有的比我都大呢。

前寒武纪：	寒武纪：	奥陶纪：	志留纪：	泥盆纪：	石炭纪：
46 亿—5.42 亿年前	5.42 亿—4.88 亿年前	4.88 亿—4.44 亿年前	4.44 亿—4.16 亿年前	4.16 亿—3.59 亿年前	3.59 亿—2.99 亿

利兹塞阿是一种有 4 万颗牙齿的巨大的鱼，但它只吃经牙齿过滤过的微小生物。它的长度可达到 15 米，是有史以来最大的鱼。

腿和蹼

一旦生活在水里，爬行动物的腿就逐渐进化成蹼——许多短而强壮的骨头紧紧地包在一起成为一个桨，看起来有点像戴着连指手套的手。

浅隐龙的特征是它长着长长的脖子和小小的头颅。浅隐龙有很多细小的牙齿，用来捕食小鱼及头足类动物。与上龙不同的是，它们的前蹼比后蹼要大。

进化中总要走一些弯路

进化的过程中有时候会出现一些奇怪的改变，这些改变常常无疾而终。对于进化者而言，这些改变可能很适合它们，却没有能够成为主流。这或许是因为改变得太多，反而过犹不及了。

镰刀龙的爪子可以长到 1 米长，然而它很可能仍是植食性动物。它们的爪子比其他动物的爪子都要大，但是太大的爪子很可能会碍事，所以说它们的爪子长得那么大也没有什么优势。

至于我嘛，麻雀虽小，五脏俱全哦。

巴拉乌尔龙被困在岛屿上，所以它与其他猛龙的进化不同。不像其他猛龙那样瘦而敏捷，巴拉乌尔龙矮而壮，有力的腿可以用来踢它的猎物。

马门溪龙是所有蜥脚龙里脖颈最长的一种——长达 12 米。因为它的脖子太长了，所以它无法抬起自己的脖颈去吃树梢上的食物。于是它就只能摇摆着它的长脖子吸食长在低处的食物，所以说它们还不如长个短脖子呢。

肉食牛龙将霸王龙短小的手臂发挥到了极致。因为它不能使用手臂，所以它的手臂慢慢缩到只有 50 厘米长，起不到任何作用。

热河翼龙是一种看起来很奇怪的翼龙，它有一个短脖子和短尾巴，还有一个小小的鼻子而不是嘴。它全身覆盖着的一种细纤维看起来像头发，这使它看起来像一架凶猛、晶莹的滑翔机。

二叠纪：
乙—2.51 亿年前

三叠纪：
2.51 亿—2 亿年前

侏罗纪：
2 亿—1.45 亿年前

白垩纪：
1.45 亿—0.66 亿年前

古第三纪：
0.66 亿—0.23 亿年前

新第三纪：
0.23 亿年前—现在

照看宝宝

大多数爬行动物以产卵的方式产下后代，然后让它们自己去孵化。这听起来很残酷，但它们的幼崽很快就可以跑起来并能自己猎食。而且成年动物不必守在巢穴旁，避免了成为捕食者的目标。这对它们来说也安全些。

有些恐龙也采用类似的方法：它们把蛋下到巢里，然后就自己逍遥快活去了。

奔山龙就是其中的一种。幼崽孵化出来后就已经发育得很好了，不需要父母的照料。但这些蛋和幼崽却是捕食者唾手可得的食物。

前寒武纪：	寒武纪：	奥陶纪：	志留纪：	泥盆纪：	石炭纪：
46 亿—5.42 亿年前	5.42 亿—4.88 亿年前	4.88 亿—4.44 亿年前	4.44 亿—4.16 亿年前	4.16 亿—3.59 亿年前	3.59 亿—2.99 亿

其他恐龙，如**慈母龙**，会像现代的许多鸟类一样，在幼崽孵化出来后照看它们一段时间。慈母龙以群居的方式生活，上万只慈母龙居住在一起，它们建筑孵化幼崽的巢，并照顾幼崽，直到小恐龙长大，可以自己觅食后才离开。

已经产出体外的蛋是很容易受到攻击的。很多动物都以蛋为食，因此事故会时有发生。哺乳动物则避开了这些危险，因为它们在体内孕育幼崽，然后再将新生命产出体外。新生命的个头一定是很小的，这样它们的妈妈才能顺利将它们从体内产出。为了让它们快点长大，哺乳动物会分泌乳汁喂养它们的后代。

战争机器

最恐怖的恐龙长着巨大的、尖锐的牙齿和足以折筋断骨的有力的颚。它们是地球上最早存在的恐怖的捕猎者。

霸王龙是最有名的兽脚类肉食恐龙。它看起来完全符合凶猛的捕猎者的条件，但是它可能会花大量的时间清理垃圾——吃已经自然死亡的或是其他恐龙杀死的动物。霸王龙的颚是所有生物中最有力的，它可以轻易折断对手的骨头。它的手臂很短小，甚至抓不住猎物，但对于食腐动物而言，这不是个问题。霸王龙的牙齿长达 30 厘米，比人的头都要长。

棘龙是目前所知的最大的兽脚类肉食恐龙，可以长到 17 米长。它的鼻子可达 1.8 米长 （一个成人的高度）。它的鼻孔向后生长，朝向眼睛，这使得它很适合在浅海处潜水。棘龙主要的食物是鱼类。它的后腿很强壮，这意味着它可以跑得很快，但是它不需要快跑就能抓得到鱼。它没有对捕食者的恐惧，所以它或许也猎杀陆地上的动物。

不要担心你可爱的头啦

三角恐龙长有角，它们会使用它们的角来对抗霸王龙。但它们的头盾却不是用于御敌的，其作用可能是让它们看起来很吓人，就像现代变色龙的一样，也有可能只是让自己看起来很漂亮，以此来吸引配偶。

牛角龙的头盾更加大——它整个头部可长达 3 米！

和它们比起来，我觉得自己长得太平凡了。

虽然我们始终不太清楚恐龙华丽的冠饰到底有什么作用，但我们可以看看现代的动物，看看它们华丽的垂肉、羽冠、角及其他的一些特点所起到的作用，就可以从中得到一些线索了。

肿头龙的圆顶头骨可以帮助雄性在争夺雌性动物的比赛中击败对手，赢得配偶。它们会用尖尖的头骨从侧面互相撞击。这种撞击并不致命，但攻击力很强，可以帮助它们赢得比赛。

副栉龙头顶上的冠饰是空的，有一些管道从鼻孔通到头盖骨。它可以用此来发出像喇叭一样的声音，这样做可能是为了彼此交流，吸引配偶，或是吓跑对手和捕食者。

羽毛是一种新型鳞片

还记得长有羽毛的恐龙吗？羽毛的功能很多，所以它保留下来了。即使是我们最熟悉的恐龙也可能会长有羽毛。迅猛龙可能会有，甚至霸王龙也可能会像小宝宝一样长有毛茸茸的绒毛。

尾羽龙看起来更像鸟类，酷似野鸡。

中华鸟龙是迄今为止发现的第一种长羽毛的恐龙。

到了白垩纪，羽毛开始在很多种类的恐龙身上出现：中华鸟龙和尾羽龙属于兽脚类的肉食恐龙，但阿拉善龙属于镰刀龙类恐龙，鹦鹉嘴龙则属于鸟臀目恐龙。

前寒武纪：	寒武纪：	奥陶纪：	志留纪：	泥盆纪：	石炭纪：
46 亿—5.42 亿年前	5.42 亿—4.88 亿年前	4.88 亿—4.44 亿年前	4.44 亿—4.16 亿年前	4.16 亿—3.59 亿年前	3.59 亿—2.99 亿

身上包裹着羽毛，好像依偎在羽绒被里一样——这会让你感到温暖。这对于小型恐龙来说很有用，因为它们很容易感到寒冷。早期的恐龙是冷血动物，它们无法控制自己的体温。天热的时候，它们感到暖和，因此就很活跃。然而在严寒的天气里，它们因为感到寒冷，行动就变得迟缓起来，这样也就很难逃脱捕猎者的掌心。

阿拉善龙是一种以植物为食的蒙古恐龙。很多长有羽毛的恐龙都居住在中国和蒙古。

鹦鹉嘴龙并非全身长满羽毛，只是其尾部有一大簇羽毛。这些羽毛更像是豪猪的刚毛。

二叠纪：亿—2.51 亿年前	三叠纪：2.51 亿—2 亿年前	侏罗纪：2 亿—1.45 亿年前	**白垩纪：1.45 亿—0.66 亿年前**	古第三纪：0.66 亿—0.23 亿年前	新第三纪：0.23 亿年前—现在

鸟儿们起飞啦

当动物长出了羽毛和喙，进化的脚步即将走向哪里呢？你一定猜到了——那就是鸟类！我们能不能说我们周遭到处生活着恐龙的后代呢？

羽毛可以帮助恐龙保温，而且颜色缤纷的羽毛可以帮助它们吸引配偶，不容易辨别的色彩图案可以在它们捕食或是躲避被捕食的时候将它们掩藏得很好。在不同的季节通过羽毛的脱落而改变颜色是很容易做到的，但如果换作是鳞片，就没那么容易了。

鱼鸟是一种早期的海鸟。有点像鸥，它可以钻入水中叼出鱼来吃。和鸥类不同的是，它的喙上长有牙齿！牙齿仅仅长在喙的中间部位——喙的前部没有牙齿，就和现代鸟类的喙一个样。

很多我们所熟知的恐龙都长有羽毛，可以飞翔——我们称之为鸟类恐龙。早期的非鸟类恐龙做不到这一点，但随着羽毛和肌肉的进化，它们也有可能学会飞翔，变成鸟类。

孔子鸟大概是乌鸦般的大小，生活在 1.25 亿年前的中国。它是第一种有正常的喙而没有牙齿的鸟类。

伊比利亚鸟和现代的麻雀大小相仿。它与麻雀的不同之处在于它的翅膀上长有爪子。

恐龙的毁灭

之后，在 0.65 亿年前，灾难来袭。可怕的大灾难将恐龙灭绝了。

大多数科学家认为是巨大的行星或是彗星在墨西哥沿海撞到地球，从而引发恐龙的灭绝。这种冲撞会引发洪水，空中会布满尘土。植物因为没有阳光的照射，会首先死亡。之后以植物为生的动物们，以及以这些动物为食的食肉动物们都相继死亡。

你一定为它们感到难过吧，即使是那些很恐怖的动物。

前寒武纪：	寒武纪：	奥陶纪：	志留纪：	泥盆纪：	石炭纪：
46 亿—5.42 亿年前	5.42 亿—4.88 亿年前	4.88 亿—4.44 亿年前	4.44 亿—4.16 亿年前	4.16 亿—3.59 亿年前	3.59 亿—2.99

其实在此之前，恐龙可能已经在走向灭绝了。大量的火山喷发改变了地貌，它将灰尘和有毒气体洒向空气中。海平面在不到一百万年里上升了 150 米，地表温度飙升了 10 摄氏度。行星或是彗星的撞击很可能只是最后的导火线。

这些巨大的变化导致了大型爬行动物，包括蛇颈龙、翼龙和一些大型恐龙的终结，但是鸟类生存了下来！小型哺乳动物躲藏了起来，等待着这场灾难的结束。

它们的时代到来了！

第五章　哺乳动物的崛起

哺乳动物需要更多的空间

随着恐龙时代的终结，哺乳动物繁衍得更快，体形变得更大了。

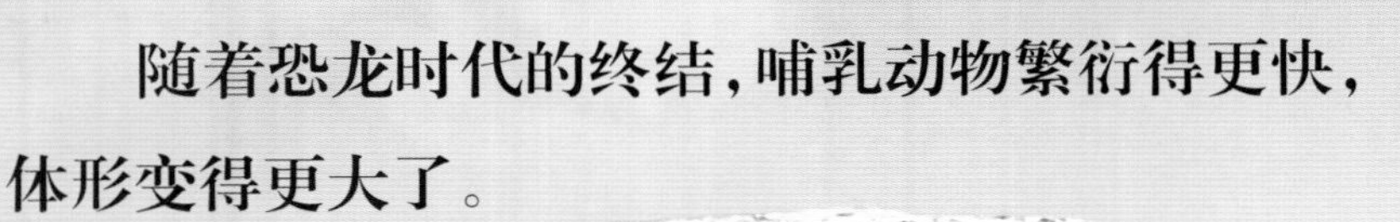

它们从小型的形似鼩鼱的动物进化为各种形状和尺寸的哺乳动物。在恐龙灭亡的几百万年间，一些现代哺乳动物的早期形态开始显现。

安氏中兽形似巨大的狼。它是陆地上身形最大的哺乳动物。它的头有一米多长。

前寒武纪：46 亿—5.42 亿年前	寒武纪：5.42 亿—4.88 亿年前	奥陶纪：4.88 亿—4.44 亿年前	志留纪：4.44 亿—4.16 亿年前	泥盆纪：4.16 亿—3.59 亿年前	石炭纪：3.59 亿—2.99 亿

盗果兽是最早的类灵长类的哺乳动物。它可能是我们人类非常早期的祖先之一，因为人类就是灵长类的一种嘛！它爬树，吃果子、种子及小型的无脊椎动物。

伊神蝠是由食昆虫的哺乳动物进化而来的。早期的蝙蝠已经开始拥有了回声定位能力，现代的蝙蝠就是使用这种能力通过声音来捕猎的。

不仅是哺乳动物才身形巨大。**泰坦巨蟒**是陆上最大的蛇类，长达 13 米，从它的腹部到背部有 1 米的厚度！捕抓到猎物后，它会给它们一个致命的拥抱，将它们活活挤死。

二叠纪：	三叠纪：	侏罗纪：	白垩纪：	**古第三纪：**	新第三纪：
亿—2.51 亿年前	2.51 亿—2 亿年前	2 亿—1.45 亿年前	1.45 亿—0.66 亿年前	**0.66 亿—0.23 亿年前**	0.23 亿年前—现在

大型鸟类

鸟类是恐龙的后代，很多恐龙体形都很大，所以最早的鸟类也都是既庞大又恐怖的，这也没什么好奇怪的了。

“恐鸟”是生活在南美洲的凶猛的肉食鸟类。最大的**雷鸣鸟**，站立时有3米高，500千克重。它体形庞大，个性又残暴，可以一口吞下一只中型的狗。

雷鸣鸟翅膀太小，不能飞，但它有巨大的有力的腿。300万年前，南美洲是一个岛屿，所以那里的生物单独进化着。当南美洲与北美洲最终碰撞在一起后，肉食性哺乳动物互相争夺食物，雷鸣鸟可能因此而灭绝了。

前寒武纪：	寒武纪：	奥陶纪：	志留纪：	泥盆纪：	石炭纪：
46亿—5.42亿年前	5.42亿—4.88亿年前	4.88亿—4.44亿年前	4.44亿—4.16亿年前	4.16亿—3.59亿年前	3.59亿—2.99亿

即将到来……

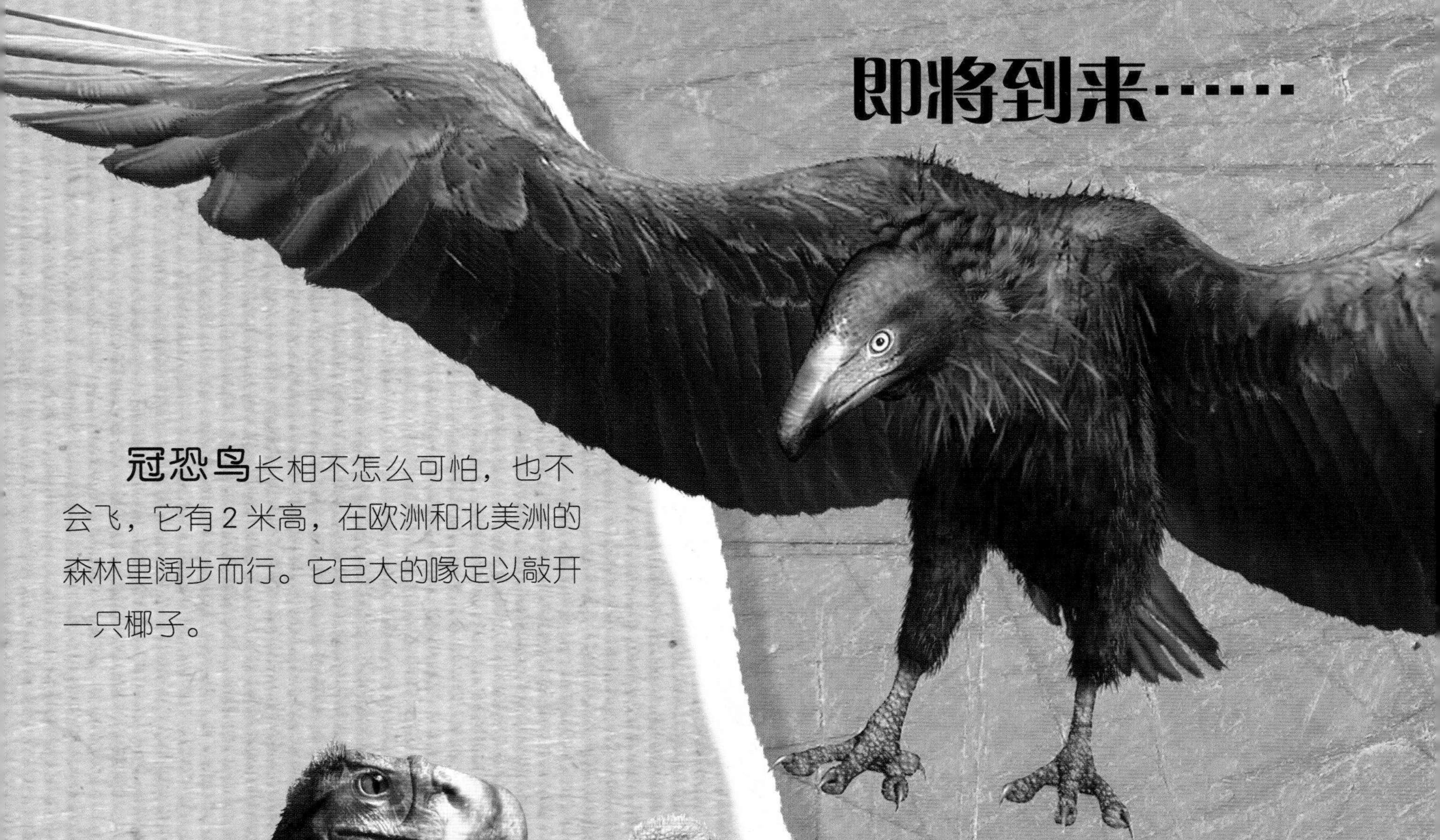

冠恐鸟长相不怎么可怕，也不会飞，它有 2 米高，在欧洲和北美洲的森林里阔步而行。它巨大的喙足以敲开一只椰子。

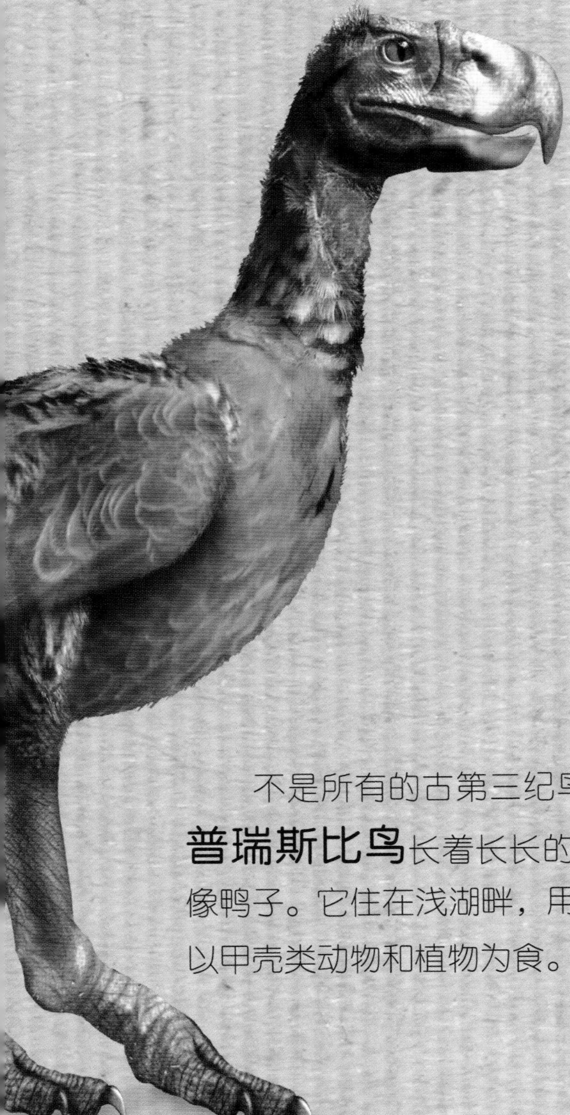

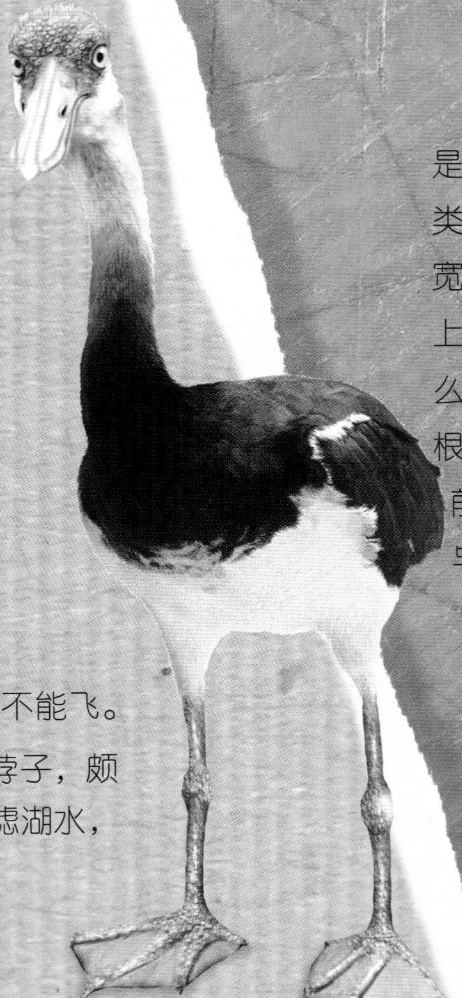

阿根廷巨鹰是有史以来最大的鸟类。它的翅膀张开后宽达 6.4 米。它翅膀上的羽毛有武士刀那么长！体形稍小的阿根廷巨鹰直到一万年前还居住在北美洲，与人类生活在一起。

不是所有的古第三纪鸟类都不能飞。**普瑞斯比鸟**长着长长的腿和脖子，颇像鸭子。它住在浅湖畔，用喙过滤湖水，以甲壳类动物和植物为食。

二叠纪：	三叠纪：	侏罗纪：	白垩纪：	**古第三纪：**	新第三纪：
亿—2.51 亿年前	2.51 亿—2 亿年前	2 亿—1.45 亿年前	1.45 亿—0.66 亿年前	**0.66 亿—0.23 亿年前**	0.23 亿年前—现在

水中工作

你还记得爬行动物重回水中生活，成为蛇颈龙的故事吗？大约0.5亿年前，有些长有蹄子的哺乳动物虽然仍需要呼吸空气，但它们已经开始在水中生活了。它们进化出了内耳，用来在水下感受到振动。

走鲸是一种看起来酷似鳄鱼的哺乳动物。它居住在印度附近，那时印度还是一个岛屿。走鲸即“行走的鲸鱼”，它将它的腿作为桨来划水而不是用来走路。走鲸捕食的方法可能与鳄鱼相似。它们潜入浅滩，将动物拽入水中，让其溺死。它游起水来很像水獭，背部一上一下，有蹼的后脚帮助它划水。它的每一个脚趾尖部都不像爪子而更像是小蹄子。

走鲸是早期的鲸鱼，海熊兽则是所有鳍足亚目的祖先。**鳍足亚目**指的是那些长有脚蹼的海洋哺乳动物，如海豹。它游动时，前脚蹼和后脚蹼都会被用到，就像是现代的海象。随着时间的推移，丧失了前腿游泳能力的鳍足亚目进化成了海豹，而丧失了后腿游泳能力的鳍足亚目则进化成了海狮。海熊兽很可能是在水中捕到猎物，然后返回到陆地上去享用它的美餐。

继续生活在草地上

古第三纪初期气候很温暖，即使是两极也有雨林。但是 0.49 亿年前，寒冷的气候却回归了。

罪魁祸首是一种叫作**水蕨**的简单蕨类植物，它们在北极的北冰洋表面旺盛地生长。水蕨每两到三天总量就会翻倍，它旺盛地生长了整整 80 万年，从空气中吸取二氧化碳。二氧化碳是一种可以使气候保持温暖的温室气体。减少二氧化碳就像是把覆盖着地球的毯子抽走了，到处都变得寒冷了。

水　蕨

空气寒冷刺骨，还好我们哺乳动物身上有皮毛。

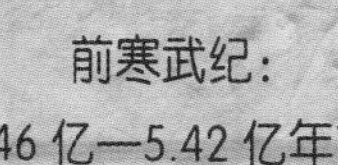

前寒武纪：46 亿—5.42 亿年前	寒武纪：5.42 亿—4.88 亿年前	奥陶纪：4.88 亿—4.44 亿年前	志留纪：4.44 亿—4.16 亿年前	泥盆纪：4.16 亿—3.59 亿年前	石炭纪：3.59 亿—2.99 亿

寒冷的天气给了青草生长的机会。早些时候，它已经开始进化了，但直到大约 0.4 亿年前，它才真正地进化成功。这意味着，像**巨犀**这样的以热带森林的树叶为食的动物逐渐地灭绝了。巨犀与现代的犀牛有亲缘关系，但它有现代犀牛的 8 倍大。它是至今为止发现的最大的陆地哺乳动物。

与此同时，大批的食草动物占据了新的草原。**中马**是较小型的食草动物之一，它是早期的一种像大狗般大小的马。

巨角犀是一种更为大型的食草动物。它的体形有大象那么大，看起来像只长着叉状的、Y 形角的犀牛。

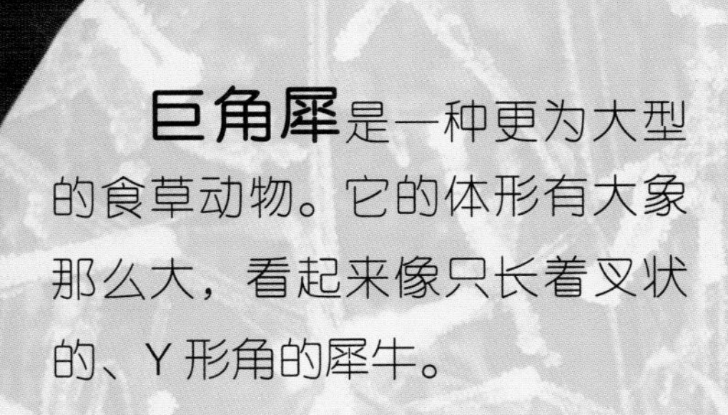

第六章　现代的开端

新的世界秩序

在过去的 0.23 亿年间，现代世界已然成形。阿尔卑斯山、喜马拉雅山、比利牛斯山等山脉逐渐形成，南美洲与北美洲相连，欧洲与亚洲相连。

现在动物们可以在南美洲和北美洲之间迁徙。蛇、猫、鹿、貘和狼都向南方迁徙，而负鼠、犰狳、树獭和蜂鸟却向北迁徙。然后它们开始各自适应自己的新家园。

随着世界逐渐变冷，针叶树林开始在北方生长，阔叶树林和干燥草原进一步向南方延伸。

前寒武纪：	寒武纪：	奥陶纪：	志留纪：	泥盆纪：	石炭纪：
46 亿—5.42 亿年前	5.42 亿—4.88 亿年前	4.88 亿—4.44 亿年前	4.44 亿—4.16 亿年前	4.16 亿—3.59 亿年前	3.59 亿—2.99 亿

砂犷兽看起来像是马与树獭的杂交品种，它靠它的后脚和前指关节行走。它的爪子长而弯曲，如果行走时不将它们收起，它们就会碍事或是会被损坏。尽管砂犷兽的爪子看起来凶狠，它们却只是用爪子来抓扒或是拉扯植物。

角囊地鼠长相奇特。它是一种头上长角，有着长而尖的爪子的囊地鼠。它的爪子可以用来挖掘，但是我们不知道它的角有什么作用——可能是用来吓跑捕猎者的吧，就和它们张开大嘴、露出一口尖牙的效果是一样的。

接近人类了

大概 700 万年前，一部分灵长类动物进化成了黑猩猩，另外一部分则进化成了人类。

地猿

◆生活在 400 万或 500 万年前。
◆比我们现代人类的大脑要小。
◆仍然长着和猿类一样可以用来抓握东西的脚趾，可用来爬树。

南猿

◆和黑猩猩大小相仿，但大脑较大。
◆用两脚行走。
◆足迹遍布整个非洲。

直立猿人

◆最早的人类物种。
◆会使用石质工具，因此他们可以食用不太需要咀嚼的食物。
◆咀嚼减少意味着他们脸颊的肌肉萎缩到和我们相仿了。

匠人

◆生活在 150 万年前。
◆高且瘦。
◆身上没有多少毛发。

直立人
◆长相与我们更加相似。
◆从非洲迁徙至亚洲。
◆有可能一直生存至 10 万年前。
尼安德特人
◆ 20 万年前进化而来的。
◆与现代人共存至 3 万年前。
德堡人
最早的欧洲人类物种。
会使用高级的木质及石质工具。
可能会使用语言。
智人
（现代人的学名）
二叠纪：
亿—2.51 亿年前
三叠纪：
2.51 亿—2 亿年前
侏罗纪：
2 亿—1.45 亿年前
白垩纪：
1.45 亿—0.66 亿年前
古第三纪：
0.66 亿—0.23 亿年前
新第三纪：
0.23 亿年前—现在

凶猛的敌人

我们早期的祖先在过去的 90 万年里经历了冰冻期与温暖期的交替。但是它们面对的不仅是长时间的严寒，还有以下这些巨大而凶猛的食肉动物。

巨型短面熊是有史以来最大的陆上食肉动物之一。尽管这种身长 4 米的熊看起来挺可怕，但它大多数时候可能只吃被其他动物杀死了的动物的残骸。早期的人类狩猎者对巨型短面熊的威胁可能要比它们对人类的威胁更大。

前寒武纪：46 亿—5.42 亿年前	寒武纪：5.42 亿—4.88 亿年前	奥陶纪：4.88 亿—4.44 亿年前	志留纪：4.44 亿—4.16 亿年前	泥盆纪：4.16 亿—3.59 亿年前	石炭纪：3.59 亿—2.99 亿

剑齿虎是一种残忍的长着锐利长牙的猫科动物，它可能是有史以来最大的猫科动物了。剑齿虎比狮子和老虎的体格更加健壮，它能猎食大型的食草动物，如北美野牛和骆驼。它们有硕大的犬齿，可长达 28 厘米。

巨齿鲨颇像一只大白鲨，但是它的体重是霸王龙的 10 倍，体长达 18 米。它的牙齿比你的手大，嘴巴大得足以让一个成年人直立其中（尽管这不是一个明智的选择）。

巨型树懒和巨型猛犸象

当最后一个冰期在 250 万年前来临，大型哺乳动物很好地适应了这种气候，并开始繁衍。但是当气候变暖，那些超大型的哺乳动物们就灭绝了。

猛犸象是进化过程中的最后一种猛犸。它们体形巨大，身上长满了可以保暖的毛发，厚达 10 厘米的特殊脂肪层使得它们即使在雪中仍然不怕寒冷。

不仅是象类才会长有皮毛。**板齿犀**是一种身上长毛的犀牛，头上硕大的角可用来打斗、炫耀，还可以用来将它想吃的草上的雪扫除。

大地懒和现代的象大小相仿。它缓步行走于森林和草原中，用它带钩子的爪子扯下树枝。

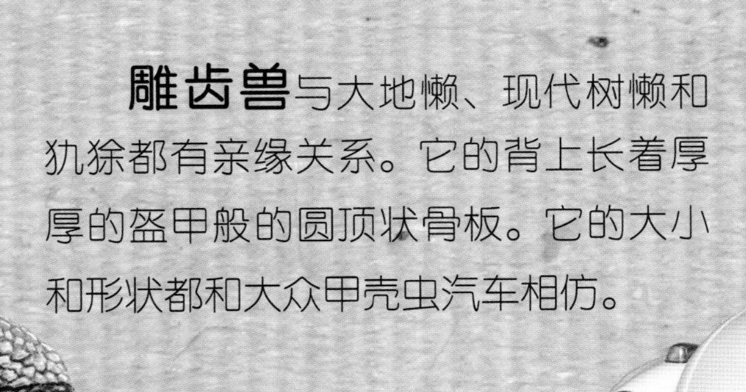

雕齿兽与大地懒、现代树懒和犰狳都有亲缘关系。它的背上长着厚厚的盔甲般的圆顶状骨板。它的大小和形状都和大众甲壳虫汽车相仿。

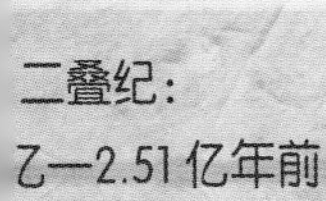

哎哟，死里逃生呀

沙摩西岛
多巴火山
多巴湖

多巴湖由多巴火山的四个火山喷口组成。沙摩西岛则是在它最后一次大喷发的火山岩浆凝固后形成的。

7.4 万年前，印度尼西亚的多巴火山喷发，这差点将人类带到了灭绝的边缘。

在过去的两百万年间，这是最大的一次喷发，导致了“火山冬天”，遮蔽了阳光，温度骤降。15 厘米厚的火山灰层覆盖着东南亚地区，毒气泻入空中。植物和动物都因此而死亡，早期的人类除了几千个幸存者外，其他的都被饿死了。

这种事情都见怪不怪了。

前寒武纪：	寒武纪：	奥陶纪：	志留纪：	泥盆纪：	石炭纪：
46 亿—5.42 亿年前	5.42 亿—4.88 亿年前	4.88 亿—4.44 亿年前	4.44 亿—4.16 亿年前	4.16 亿—3.59 亿年前	3.59 亿—2.99 亿

人类经过了 7 万年的进化，形成了形形色色的现代人——他们的肌肤颜色，头发颜色，身高及身材各不相同。 那为数不多、广泛分布在地球各处的人群因为迅速扩张，才出现了这样的结果。人口减少，然后又由少变多，这在进化中被称为“瓶颈”。

多巴火山喷发之后不久，人类就迁出了非洲，足迹开始遍布全球。

智人（现代人）可以使用工具、火和语言。通过狩猎及耕种，他们影响了其他动物和植物的进化。他们接替了尼安德特人，成为唯一的人类。

进化仍在进行中

动物和植物一直都在进化中。适者生存，否则消亡，这就是进化。但是人类在改变着这些规则。我们对自然世界的影响是巨大的，比此前任何一种动物的影响都要大。

恐鸟在 16 世纪被捕杀至灭绝，此前这种巨大的鸟类生活在新西兰。另外一种不能飞翔的鸟——**渡渡鸟**，在人类毁坏了它们的栖息地，并引进了捕食它们的动物后，它们逐渐灭绝了。**白暨豚**在 2006 年后就再也没人见过它的踪影。它所居住的水域已经被污染或是被过度利用了。

恐鸟

渡渡鸟

白暨豚

前寒武纪：	寒武纪：	奥陶纪：	志留纪：	泥盆纪：	石炭纪：
46 亿—5.42 亿年前	5.42 亿—4.88 亿年前	4.88 亿—4.44 亿年前	4.44 亿—4.16 亿年前	4.16 亿—3.59 亿年前	3.59 亿—2.99 亿

普氏野马

然而人类的影响并不总是负面的。自然界中的**普氏野马**虽已灭绝，但人类已经开始在动物园里繁殖它们，并将它们放回到它们曾经生活过的大自然中。

乌 鸦

动物们一直都在不断改变。日本的乌鸦已经学会了将坚果扔到地上，让汽车帮它们将坚果轧开！更加让人焦虑的是，细菌和病毒也在迅速进化，以至于有些药物已经不再起作用了。

我们仍在进化中。也许我们将会成为第一个散步到其他星球的物种。也许通过遗传工程，我们可以控制我们自己的进化。也许人类会像恐龙一样成功地生存 1.65 亿年。

接下来我会变成什么样呢？

术语表

两栖动物

冷血脊椎动物，既可以在水中，也可以在陆上生存。两栖动物将卵产在水中，孵化出的幼体已呈现幼年期的形态——比如说蝌蚪——随后将变成成年的形态。

节肢动物

身体分段，至少有六条有关节的腿。节肢动物有着坚硬的外壳。昆虫、蟹类和蜈蚣都属于节肢动物。

小行星

太阳系中，沿椭圆形轨道绕太阳运行而体积小，从地球上肉眼不能看到的行星。

大气

包围地球的气体，是干燥空气、水汽、微尘等的混合物。

二氧化碳

由碳和氧构成的气体。植物从大气中吸收二氧化碳，释放出氧气。

食肉动物

以肉类（其他动物）为食的动物。

细胞

生物的微小组成部分。单细胞生物体只有一个细胞。多细胞生物体由多种不同的细胞组成，各种细胞各司其职。

头足类动物

生活在海水中的软体动物，包括鱿鱼和章鱼。头足类动物是长有头和触须的软体动物。

冷血动物

无法独立控制自己的体温。冷血动物在温暖的环境里很活跃，但在寒冷的环境里行为会变得很迟缓。

彗星

绕着太阳旋转的一种星体，体积大，密度小，通常在背着太阳的一面拖着一条扫帚状的长尾巴。

支配

统治或控制。

回声定位

蝙蝠、海豚、鲸鱼以及其他一些动物的感知方式，它们通过测量发出的声音到折回的回音所经历的时间来做出判断。

食草动物

仅以植物为食的动物。

步态

走路的方式，由腿、脚及臀的位置和形状决定。

基因

生物体遗传的基本单位。生物体的基因携带着可以描述其每一个特征的编码。基因是父辈向后代传递诸如尺寸及颜色等特征的方式。

基因工程

改变生物体的基因，以改变其特征。

鱼鳃

水生动物用来从水中吸取氧气的器官。它们与陆生动物的肺部有着同样的功用。

哺乳动物

身上长着某种皮毛或毛发的脊椎动物。大多数哺乳动物在体内孕育后代，并在它们出生后给它们哺乳。

物种大灭绝

在相对较短的时间内，很多种类的植物和动物的大规模毁灭。

细菌

只有通过显微镜才能看到的微小的生物体。

软体动物

有壳或是无壳的软体的动物。

细胞核

细胞的中心，多为球形或椭圆形，是细胞内遗传物质分布的主要场所。

杂食动物

既吃植物又吃动物的动物。

鸟臀目恐龙

植食性恐龙的一种，长着坚硬的喙。副栉龙就是一种鸟臀目恐龙。

盘古大陆

3 亿年前形成的超大陆。

胎盘

妊娠期雌性哺乳动物的一种内脏器官，可以滋养未出生的宝宝。

灵长类动物

可以利用手脚进行抓握的哺乳动物，它们有着很大的大脑，和发育良好的视力。人类、猴子和狐猴都属于灵长类动物。

鼻

呼吸兼嗅觉器官。对于动物接受外界化学信息、识别环境、辨认敌我、归巢、捕猎、避敌、寻偶和觅食有重要作用。

繁殖

生物产生新的个体，以传代。

爬行动物

一种变温动物，体表有鳞或甲。蜥蜴、蛇、海龟和鳄鱼都属于爬行动物。

蜥脚龙

一种四脚行走的大型恐龙。它们以植物为食，长着长脖子和长尾巴。梁龙是其中的一种。

物种

生物分类的基本单位。物种由基因决定其特征，生物体通常只繁殖自己物种的后代。

精子

雄性生殖细胞。精子（雄性动物产生的）会与卵细胞（雌性动物产生的）相结合。

鱼鳔

鱼类用来控制其在水中所处深度的器官。鱼鳔里充满了气体，作用如同救生圈。

四足动物

长有四肢的脊椎动物。爬行动物、两栖动物、哺乳动物和鸟类都属于四足动物。

兽脚类恐龙

靠两条强壮后腿行走的恐龙。多数兽脚类恐龙都是肉食性的。如霸王龙就是一种兽脚类恐龙。

脊椎动物

有脊椎的动物。

恒温动物

可以独立控制体温。恒温动物可以让它们自己暖和起来，它们身上有皮毛可以保温。

垂肉

很多动物头顶上或脖颈处的小块皮肤，比如说火鸡脖子上的那块皮肤！

致谢

Evolution Picture Acknowledgements

Alamy Custom Life Science Images 18 inset; Mary Evans Picture Library 7 centre left; MasPix 84-85; National Geographic Image Collection/Kam Mak 16 below right, 17 above left; Nobumichi Tamura/ Stocktrek Images 53 above, 67 left; Randsc 7 above right; The Natural History Museum 60; Ulrich Doering 12 below right; Walter Myers/Stocktrek Images, Inc. 21 below, 23, 79 above left. Corbis Imaginechina 53 below; Jonathan Blair 22 right; Mark Stevenson/Stocktrek Images 85 right; Science Picture Co. 83 right. DK Images Andrew Kerr 14 below left, 15 above, 15 below right, 21 above, 37, 67 right, 81 above; Francisco Gasco 69 below; Frank Greenaway 20 below; Jon Hughes 19 left, 19 centre left, 19 centre right, 19 right, 20, 33 above, 38, 40, 49 above, 54 left, 65 above, 68 below, 75 above, 75 below left, 75 below right, 77, 79 below right, 81 below; Jon Hughes and Russell Gooday 28, 33 centre, 34, 47 below. Fotolia Stéphane Bidouze 68 background. Getty Images Andrew Bret Wallis 48; Andy Crawford 50 above; CSA Images 39 above; De Agostini 41 below; Dorling Kindersley 15 below left, 29 above, 43 below, 69 above; Doug Perrine 11 below; Emily Willoughby/Stocktrek Images 59 above; Encyclopaedia Britannica/UIG 7 centre right, 87 centre right, 90 centre; Jon Hughes and Russell Gooday/Dorling Kindersley 35 below; Kostyantyn Ivanyshen/Stocktrek Images 78 below; Leonello Calvetti/Stocktrek Images 49 below; M.I. Walker 11 above right; Mark Carwardine 90 right; Roger Harris/Science Photo Library 6 centre; Science Picture Co. 82 centre left, 82 centre right, 83 left; Sergey Krasovskiy/Stocktrek Images 29 below, 44 below, 47 above, 64 below; Stuart Westmorland 76 background; The Bridgeman Art Library 90 left. Julius Csotonyi 52. Mark Garlick 70-71. NASA 6 above right. Nobu Tamura 25 above, 76. Science Photo Library Animate4.com 62; Chris Butler 13; Christian Darkin 2-3; Cordelia Molloy 16 below left; David Gifford 7 below right; Friedrich Saurer 39 below; Gary Hincks 80; Gerry Pearce 16 centre; Jamie Chirinos 41 above, 57; Jose Antonio Peñas 50 below, 54-55, 58-59; Julius T. Csotonyi 66 left, 82 left; Mark Garlick 1; Martin Rietze 88; Mauricio Anton 30-31, 32-33; Natural History Museum, London 83 centre left, 87 below left; P. Plailly/E. Daynes 82 right; Raul Martin/MSF 89; Richard Bizley 26-27; S. Plailly/E. Daynes 83 centre right; Sinclair Stammers 22 left; Walter Myers 18, 24-25. Shutterstock Andreas Meyer 73 centre; Andrey Kuzmin 11 centre; Jean-Michel Girard 65 below; Lefteris Papaulakis 35 above; Michael Rosskothen 39 centre, 56, 66 right, 73 below; Ralf Juergen Kraft 51 below, 87 above right; RTimages 11 above left; Yevgeniy Steshkin 17 above right; xpixel 91 centre. The Trustees of the Natural History Museum, London John Sibbick 25 below. Thinkstock Aneese 16 above; Corey Ford/Hemera 44 centre; Corey Ford/iStock 59 below; Elenarts/iStock 63; fotohalo 91 above; leonello/iStock 64 above; MR1805/iStock 36 right; PsiProductions/iStock 46; yangzai/iStock 28 below, 44-45. Wikipedia 9 above right; Daniel J. Layton 78 centre left; Julia Margaret Cameron 7 above left; Robert Couse-Baker 87 below right.